普通高等学校"十四五"规划教材

C语言程序设计实践教程

主　审　王莉莉　宋廷强

主　编　任志考　叶　臣

副主编　丁玉忠　马先珍　郭秋红

编　委　江守寰　张喜英　杨星海　薛冰洁　刘秀青

　　　　宫　道　段利亚　张栩朝　刘金环　王海婷

　　　　陈双敏　郭蓝天　渠连恩　杨　枫

中国科学技术大学出版社

内 容 简 介

本书使用数字化新形态教材的形式,将C语言基础知识、疑难解析与实验设计融合,并全面融入课程思政教育的内容。全书分为6个部分:第1部分介绍信息技术和程序设计方面的基础知识;第2部分为C语言重点和疑难解析,并通过示例来引导学习C语言程序设计;第3部分为C语言程序设计实验设计,对应第2部分的知识点设计了10个实验;第4部分为C语言程序设计课程实训设计;第5部分为C++语言的简单入门,简述C++语言的基础知识以及C++与C语言之间的异同;第6部分为习题和模拟练习,供读者进行课后练习。

本书可供非计算机专业的研究生、本专科生、职高生和有一定自学能力的学生使用,可作为课程实践教材或自学材料。

图书在版编目(CIP)数据

C语言程序设计实践教程/任志考,叶臣主编.—合肥:中国科学技术大学出版社,2023.9
ISBN 978-7-312-05776-2

Ⅰ.C⋯ Ⅱ.① 任⋯ ② 叶⋯ Ⅲ.C语言—程序设计—教材 Ⅳ.TP312.8

中国国家版本馆CIP数据核字(2023)第167598号

C语言程序设计实践教程

C YUYAN CHENGXU SHEJI SHIJIAN JIAOCHENG

出版	中国科学技术大学出版社
	安徽省合肥市金寨路96号,230026
	http://press.ustc.edu.cn
	https://zgkxjsdxcbs.tmall.com
印刷	合肥华苑印刷包装有限公司
发行	中国科学技术大学出版社
开本	787 mm×1092 mm 1/16
印张	14.5
字数	369 千
版次	2023 年 9 月第 1 版
印次	2023 年 9 月第 1 次印刷
定价	48.00 元

前　　言

丹尼斯·里奇在20世纪70年代早期开发了C语言。C语言是通用计算机高级程序设计语言,也是学习许多其他编程语言以及软件系统开发的基础。C语言在很多领域都有应用,包括系统编程、嵌入式系统、游戏开发、桌面应用程序等。

本教程将以知识要点学习和实践训练为主导,通过丰富的语言知识内容、实验设计、习题练习、编程练习和示例代码等,帮助您逐步掌握C语言编程技能。本教程从最基础的概念开始,通过基础知识的概括和综合应用,逐步深入,使读者逐渐掌握C语言的核心概念和编程范式。在学习的过程中,读者应建立正确的编程思维和良好的编程习惯,这些对于成为一名出色的程序员至关重要。

本教程一共包括6个部分的内容:

(1) 第1部分为信息技术基础,共包括2章内容,主要是关于信息技术和程序设计方面的基础知识。

(2) 第2部分为C语言重点知识和疑难解析,共分10章内容,分别是:C语言概述,顺序结构程序设计,选择结构程序设计,循环结构程序设计,模块化程序设计,指针操作,数组操作,字符串操作,结构体操作,文件操作。这部分内容对主要知识点进行总结,并通过示例来引导学习C语言程序设计,从而提高读者的程序设计水平。

(3) 第3部分为C语言实验设计,对应第2部分的知识点设计了10个实验,通过这些实验进一步加深对C语言的理解,提高读者的程序设计实践能力。

(4) 第4部分为C语言程序设计课程实训设计,读者通过综合性实训设计训练,可以提升读者的整体程序设计能力。

(5) 第5部分为C++语言的简单入门,简述了C++语言的基础知识以及C++与C语言之间的异同。

(6) 第6部分为习题和模拟练习,提供了大量的习题和模拟题,供读者进行课后练习。

本教程的主要特点包括:

(1) 渐进式学习:按照基础知识到综合实训逐步提升能力的方式讲述了C语言的知识。

(2) 大量示例:每个概念都有实用的示例代码,帮助理解和运用所学内容。

(3) 实验练习:提供了10个实验设计,与知识点相互配套,通过实验,能够加深理解,提高程序设计能力。

(4)练习题设计:提供练习题和测试题,鼓励动手实践,以巩固所学知识。

(5)实训项目:实训设计是在实验设计基础上进一步提高综合程序设计能力的尝试。

(6)在学习的过程中,为读者提供了一些实际项目的构想,让读者能够应用所学知识解决实际问题。

本教程是初学者学习C语言编程知识的入门指南,可以帮助初学者掌握这门应用广泛的编程语言。无论是计算机科学技术的爱好者、在校学生,还是希望进入软件开发行业的新手,本教程都将为其提供丰富的基础知识,并营造良好的能力培养氛围。

党的二十大报告指出:"推进教育数字化,建设全民终身学习的学习型社会、学习型大国。"教育数字化是规模化因材施教的关键,为了能够满足读者差异化需求,本教程创建了配备数字化教学资料的网站(www. qustsky. online),欢迎读者浏览和下载学习资料。

千里之行,始于足下,编程是一门需要不断实践和尝试的艺术。请不要害怕犯错误,因为错误是学习的一部分。坚持下去,相信自己将逐渐成长为一名优秀的C语言程序员!

下面开始您的C语言编程之旅吧!

编者

2023 年 7 月于青岛

目　　录

第1部分　信息技术基础

第2部分　C语言重点知识和疑难解析

第3部分　C语言实验设计

第4部分　C语言程序设计课程实训设计

第5部分　C++语言入门

第6部分　习题与模拟

第1部分
信息技术基础

　　信息技术基础知识是学习 C 语言的基础,本部分一共分为 2 章,其中第 1 章为信息技术概论,主要讲述信息技术的有关概念;第 2 章为程序设计基础,主要介绍有关程序设计的基础概念和知识。

第1章　信息技术概论

1.1　引言

信息技术(IT)是指运用计算机和通信设备以及相关软件和硬件等资源,对信息进行采集、存储、处理、传输和利用的一门综合学科。信息技术的发展对现代社会的各个领域均产生了深远的影响,从个人生活到商业运营、科学研究以及政府管理等方面都离不开信息技术的支持和应用。信息技术这个概念随着时代的发展不断变化,其内涵也处于不断丰富与扩展之中。

1. 信息技术的基本概念

(1) 信息

信息(information)是指代数据的有序集合,可以用来描述事物的属性、状态、关系和行为等。信息是经过处理和解释后具有意义和用途的有效数据。

举例说明:假设有一家电子商务公司,他们收集了顾客的购买历史、偏好信息和评论等数据。通过对这些数据进行分析和处理,可以得到顾客的购买习惯、喜好和产品偏好等信息,进而针对性地进行市场推广和个性化服务。

(2) 技术

技术(technology)是指应用科学知识和技能来解决实际问题的方法和手段。技术可以包括工具、技巧、流程和系统等。

举例说明:在计算机软件开发领域,程序员使用编程语言和开发工具来编写代码,并使用调试和测试技术来确保程序的正确性和鲁棒性。这些技术和方法能够帮助开发人员有效地创建和维护软件系统。

(3) 信息技术

信息技术是指将信息处理和传输技术与计算机科学和通信技术相互结合,以实现对信息的高效获取、存储、处理和传递等。

举例说明:云计算是信息技术的一个重要领域。通过云计算,用户可以通过互联网访问存储在远程服务器上的数据和应用程序。例如用户可以使用云存储服务将照片和文件上传到云服务器,然后可以从任何设备上随时随地访问和共享这些文件。

2. 信息技术的组成部分

（1）硬件

硬件（hardware）是指计算机系统中的物理部分，包括计算机主机、外围设备（如显示器、键盘、鼠标、打印机等）、存储设备（如硬盘、光盘、闪存等）等。硬件是信息技术的物质基础。

举例说明：个人计算机（PC）是信息技术中常见的硬件设备。它由主机、显示器、键盘和鼠标等组成，可以用于处理和存储数据、运行各种应用程序和访问互联网等。

（2）软件

软件（software）是指计算机程序及其相关文档的集合。软件包括系统软件（如操作系统、支持系统以及数据库管理系统等）和应用软件（如办公软件、图形设计软件、WEB 应用程序等）。软件是信息技术的核心。

举例说明：常见的应用软件包括微软的 Office 套件（如 Word、Excel、PowerPoint 等）和 Adobe 的 Photoshop 等软件。这些软件可以帮助用户创建、编辑和处理各种文档和媒体文件。

近年来，各种各样的 WEB 应用程序（软件）像雨后春笋一样大量涌现，这些网络应用程序（APP 和微信小程序等）被广泛应用到人们的日常生活中，成为应用软件的主流。

（3）数据

数据（data）是信息技术的基本元素，是描述和记录事物的符号表示。数据可以通过采集、存储和处理等方式进行管理和利用。

举例说明：社交媒体平台收集用户的个人信息、兴趣和活动记录等数据。这些数据可以用于个性化推荐、广告定向和市场研究等，提供更符合用户需求的服务和体验。

（4）计算机网络

计算机网络（computer network）是指互联网和局域网等各种网络系统。网络连接了不同的计算机和外部设备，使得信息可以在不同地点之间传输和共享。

举例说明：互联网是全球范围内的计算机网络，可以通过互联网实现全球范围内的信息传输和通信。例如，通过电子邮件和即时通信应用程序，人们可以跨越时空与全球各地的人进行沟通和交流。

3. 信息编码

信息编码是将信息转换为特定形式或格式的过程，以便在数据传输和存储中进行有效的表示和处理。以下是信息编码的基础知识和一些常见的编码示例。

（1）数字化

数字化是将模拟信号转换为数字形式的信息编码方法。通过对模拟信号进行采样和量化，将连续的模拟信号转换为离散的数字表示。例如，将声音转换为数字音频文件（如 MP3）或将图像转换为数字图像文件（如 JPEG、JPG 等）。

（2）字符编码

字符编码用于将字符和符号转换为数字表示。最常见的字符编码是 ASCII（美国信息交换标准码），它将字符映射成 7 位二进制数字。随着需要表示更多字符的需求，出现了扩展的字符编码(如 Unicode)。Unicode 为世界上几乎所有字符提供了唯一的编码,包括各种语言、符号和图形。

(3) 压缩编码

压缩编码用于减小数据的大小,以便在存储和传输过程中占用更少的空间。它通过利用数据中的统计特性来消除冗余信息。常见的压缩编码包括哈夫曼编码和算术编码。哈夫曼编码通过为频率较高的符号分配较短的编码,为频率较低的符号分配较长的编码,从而实现数据的压缩。算术编码则根据符号出现的概率来动态调整编码的范围。

(4) 图像编码

图像编码用于将图像数据转换为更紧凑的表示形式,以便存储和传输。常见的图像编码方法包括基于变换的编码,如 JPEG(联合图像专家组)编码,以及基于预测的编码,如 PNG(可移植网络图形)编码。

(5) 视频编码

视频编码涉及将连续的图像序列转换为压缩的视频文件。常见的视频编码标准包括 MPEG(Moving Picture Experts Group)系列编码,如 MPEG - 2、MPEG - 4 和 H.264。这些编码方法使用了一系列压缩技术,包括运动补偿、空间域和频域压缩等。

信息编码是将信息转换为特定形式的过程,以便在存储和传输中进行有效表示和处理。它涉及数字化、字符编码、压缩编码、图像编码和视频编码等技术。这些编码方法在数字通信、媒体存储和数据处理等领域发挥着重要作用。

4. network、net 和 web 的概念

(1) 共同点

① 都是与计算机网络相关的术语:网络(network)、特定网络(net)和互联网(web)都是与计算机网络有关的术语,涉及数据编码、数据传输、通信和连接等概念。

② 都涉及数据传输和通信:这三个术语都与数据的传输和通信有关,允许计算机或设备之间的信息交换。

(2) 不同点

① 范围和规模:network 是一个更广泛的术语,也是较为正规的网络名称,可指任何连接在一起的设备或系统,可以是局域网(LAN)、广域网(WAN)、城域网(MAN)或因特网(internet)。net 一般指特定的网络,比如互联网服务提供商(ISP)的网络。web 是面向应用的、面向全球范围的、由许多相互连接的计算机网络组成的庞大网络。

② 传输的内容和形式:network 可以传输各种类型的数据,包括文件、音频、视频等。web 主要指的是通过超文本传输协议(HTTP)传输的网页、图像、视频和其他媒体内容。

③ 使用的协议和技术:network 和 net 可以使用多种协议和技术,包括 TCP/IP、以太网等。web 使用的主要协议是 HTTP 协议,并使用超文本标记语言(HTML)来呈现网页内容。

network 是一个广泛的概念,涵盖了各种类型的连接设备或系统。net 通常指特定的网络,而 web 是一个由许多相互连接的计算机网络组成的全球范围的网络,它通过 HTTP 协议传输网页和其他媒体内容。网络是一般的术语,而 web 则是指特定类型的网络。

1.2　信息技术的应用与发展

1. 信息技术的应用领域

(1) 个人生活
信息技术在个人生活中的应用非常广泛,如电脑办公系统、智能手机、社交媒体、电子商务等,都是信息技术的典型应用。

举例说明:智能手机已经成为人们生活中不可或缺的信息技术设备。人们可以使用智能手机拨打电话、发送短信、浏览互联网、拍摄照片和视频、进行在线购物等。近些年来随着微信、支付宝等平台的普及,信息技术在人们的个人生活中应用越来越深,越来越多。

(2) 商业和组织
信息技术为商业和组织提供了高效的信息管理和业务处理手段,如企业资源计划(ERP)系统、客户关系管理(CRM)系统等。

举例说明:一家制造公司使用 ERP 系统来管理生产、供应链和销售等方面的信息。该系统可以跟踪原材料的采购和库存、生产进程的监控和计划、产品的分发和销售等。

(3) 科学研究
信息技术在科学研究中扮演着重要的角色,例如高性能计算、数据分析和场景模拟等,有助于加快科学发现和创新。

举例说明:天文学家使用超级计算机来模拟宇宙演化和天体运动等复杂过程。通过高性能计算和大规模数据处理,科学家能够研究宇宙的起源、星系的形成和恒星的演化等重要问题。

(4) 政府和公共服务
信息技术在政府管理和公共服务中发挥着重要作用,如电子政务、电子健康记录等,提高了服务效率和便利性。

举例说明:政府可以通过电子政务系统提供在线服务,如在线纳税、车辆注册和许可证申请等。这些系统使公民和企业能够更方便地与政府机构进行交互和处理事务。

2. 信息技术的发展趋势

(1) 人工智能和机器学习
随着人工智能和机器学习的发展,信息技术正越来越多地涉及模式识别、自动化决策和智能系统的构建。

举例说明:语音助手(如 Siri、Alexa、科大讯飞和百度公司的小度等)利用语音识别和自然语言处理技术,可以理解用户的命令和问题,并提供相应的回答和服务。

(2) 云计算和大数据
云计算和大数据技术为信息技术提供了更大的计算和存储能力,以及数据的高速处理和分析能力。

举例说明:许多企业将他们的数据存储在云服务器上,以实现灵活的数据访问和共享。同时通过大数据分析,企业可以挖掘出隐藏在海量数据中的有价值的信息。

(3) 物联网

物联网(Internet of Things,简称 IoT)是指通过在各种物理设备和对象上嵌入传感器、软件、网络连接和其他技术,使它们能够收集和交换数据,并实现相互通信和协作的网络系统。简单来说,物联网是让物体具备感知、通信和智能化的能力,使它们能够与其他物体或系统进行互动和数据交换,进而实现系统智能化、自动化和更高效的运作。

举例说明:智能家居系统可以将家庭中的灯光、温度、安全系统等设备通过物联网连接到一起,实现系统自动化控制和远程监控。

(4) 安全和隐私保护

随着信息技术的广泛应用,网络安全和个人隐私保护等问题变得尤为重要,需要加强技术和政策上的防护措施。

举例说明:银行和金融机构使用加密技术和身份验证措施来保护客户的账户和交易安全。同时个人隐私保护法律和隐私政策要求组织妥善保护用户的个人信息。

信息技术作为一门重要的学科,对现代社会的发展和进步起到了关键的推动作用。通过理解信息技术的基本概念、组成部分以及应用领域,可以更好地拓展视野,把握信息时代的发展趋势,为个人、组织和社会的发展提供更好的服务和解决方案。

第 2 章　程序设计基础

2.1　算法设计(algorithm design)

1. 算法

算法(algorithm)是解决实际问题的一系列有序步骤,算法是解决问题的信息化方法。在计算机程序设计中,设计出高效的算法对于程序的性能有着至关重要的作用。一个良好的算法能够在合理的时间内解决问题,并具有良好的扩展性和可维护性。

例子:下面是一个经典的数据排序算法示例的 C 语言程序——冒泡排序(bubble sort):

```
#include <stdio.h>
void bubble_sort(int arr[], int size) {        // 自定义函数
    for (int i = 0; i < size - 1; i++) {
        for (int j = 0; j < size - i - 1; j++) {
            if (arr[j] > arr[j+1]) {
                int temp = arr[j];
                arr[j] = arr[j+1];
                arr[j+1] = temp;
            }
        }
    }
}


int main() {                        // main()主函数
    int arr[] = {64, 34, 25, 12, 22, 11, 90};
    int size = sizeof(arr)/sizeof(arr[0]);
    bubble_sort(arr, size);         // 函数调用
    printf("Sorted array:");
    for (int i = 0; i < size; i++) {
        printf("%d", arr[i]);
    }
    printf("\n");
```

```
    return 0;
}
```

冒泡排序通过相邻元素之间的比较和交换来排序数组,将较大的元素逐步"浮"到数组的末尾。

运行结果如下:

Sorted array: 11 12 22 25 34 64 90

2. 编程语言

编程语言(programming language),又称计算机程序设计语言(计算机语言),是用于编写计算机程序的工具。计算机语言一般分为机器语言、汇编语言、高级语言和自然语言等。不同的编程语言具有不同的语法和特性。选择适合的编程语言取决于程序的需求、目标和开发环境。目前主流的计算机程序设计高级语言主要包括:C语言、Python 语言、C♯语言和 JAVA 语言等。

机器语言和汇编语言是低级语言,执行速度快,但是可读性和兼容性差,机器语言是计算机唯一能够直接识别的语言。高级语言是目前计算机语言的主流,高级语言对于计算机而言无法直接识别,需要通过解释或者翻译为目标代码才能被执行。

(1) C 语言程序

以下是使用 C 语言编写的打印"Hello,World!"的示例程序:

```
#include〈stdio.h〉
int main() {
    printf("Hello, World! \n");
    return 0;
}
```

这个简单的程序使用了 C 语言的 printf() 函数将字符串"Hello,World!"输出(打印)到控制台(屏幕)。

(2) Python 语言程序

Python 是一种高级、通用、解释型的编程语言,由 Guido van Rossum 于 1991 年创造。它以简洁、易读的语法和强大的功能而闻名,被广泛用于 web 开发、数据分析、人工智能、科学计算、自动化脚本等领域。目前 Python 语言主要使用 Python 3.6X 以上版本,初学者使用 Python IDLE 平台或者海龟编辑器。

Python 的主要特点如下:

① 简洁和可读性:Python 采用简洁而清晰的语法,使得代码易于阅读和理解。它强调可读性,提倡使用空格缩进来表示代码块,而不是传统的花括号或关键字。

② 动态类型和自动内存管理:Python 是一种动态类型语言,不需要显示声明变量类型。它具有自动内存管理机制,即垃圾回收,可以自动处理内存分配和释放。

③ 跨平台:Python 可以在多个操作系统上运行,包括 Windows、MacOS 和各种 Linux 发行版,这使得开发人员可以在不同的平台上使用相同的代码。

④ 强大的标准库和第三方模块:Python 拥有丰富的标准库,涵盖了各种常用功能,如文件操作、网络通信、数据库访问等。此外,Python 拥有活跃的开源社区,提供了大量的第三

方模块和库,可以方便扩展功能。

　　下面是一个简单的 Python 例子,展示了如何计算并输出斐波那契数列的前 n 个数字:

```
def fibonacci(n):                    # 定义函数
    fib_list = [0, 1]    # 初始化斐波那契数列列表
    for i in range(2, n):    # 生成斐波那契数列
        fib_list.append(fib_list[i-1] + fib_list[i-2])
    return fib_list
n = int(input("请输入要计算的斐波那契数列长度:"))    # 输入要计算的斐波那契数
列长度
result = fibonacci(n)    # 调用函数并输出结果
print("斐波那契数列的前{}个数字为:{}".format(n, result))    # 调用函数
```

　　运行以上程序,通过输入一个整数来指定斐波那契数列的长度,程序将计算并输出相应长度的斐波那契数列,执行结果如下:

　　请输入要计算的斐波那契数列长度:10

　　斐波那契数列的前 10 个数字为:[0, 1, 1, 2, 3, 5, 8, 13, 21, 34]

　　程序运行结束

　　这个例子展示了 Python 语言的简洁性和易读性,使用函数来实现斐波那契数列的计算,并通过列表来存储结果。同时,它也展示了 Python 作为一种高级语言的特点,不需要显式地处理内存管理,以及使用了标准库中的 input 函数和字符串格式化来实现与用户的交互和结果输出。

　　C 语言和 Python 语言都是当今主流的计算机高级语言,它们的语法规则具有较大的区别,在学习这两种语言时候需要注意区分和灵活应用。

3. 语法规则

　　每种编程语言都有一套语法规则(syntax rules),用于定义程序的结构和语法要求。程序员必须遵循这些规则,以确保程序的正确性和可读性。C 语言有着自己独特的语言规则,编写 C 语言程序必须遵循 C 语言的语法规则,并且建议采用缩放式的程序代码编写格式,提高程序的可读性,并且养成良好的程序设计习惯。

　　例子:以下是使用 C 语言编写的计算两个数之和的示例程序。

```
#include <stdio.h>
int main() {
    int num1 = 5;
    int num2 = 10;
    int sum = num1 + num2;
    printf("The sum is %d\n", sum);
    return 0;
}
```

　　这个程序使用了 C 语言的变量声明、赋值、表达式和 printf() 函数完成计算并输出(打印)两个数的和。

C语言的语法规则涵盖了各种元素,包括标识符、关键字、数据类型、表达式、语句和函数定义等。下面详细描述 C 语言的语法规则,并给出一些示例说明。

(1) 注释

① 单行注释:以双斜杠(//)开头,后面是注释内容,直到行末。如下:

// 这是一个单行注释

② 多行注释:以斜杠星号(/ *)开头,以星号斜杠(* /)结尾,中间是注释内容。如下:

/ * 这是一个

多行注释 * /

(2) 关键字

C语言有一组已经被定义好的关键字,不能用作标识符的名称,如 int、float、double、char、if、else 等。

(3) 标识符

标识符用来命名变量、函数、和其他用户自定义的实体。标识符必须由字母、数字和下划线组成,且以字母或下划线开头。如下:

int age;   // 变量名 age

void printMessage();   // 函数名 printMessage

(4) 数据类型

C语言支持多种数据类型,如整数类型(int、short、long 等)、浮点类型(float、double 等)、字符类型(char)和枚举类型等。如下:

int score = 90;   // 整数类型变量

float pi = 3.14;   // 浮点类型变量

char grade = 'A';   // 字符类型变量

(5) 变量声明

在使用变量之前,需要先声明它们的类型和名称。声明通常在函数开头或全局范围内进行。如下:

int num1, num2;   // 声明多个整数类型变量

Float x = 2.1,y = 0.53; // 声明的同时赋初值

float average;   // 声明浮点类型变量

(6) 函数定义

函数用于封装一组程序代码或操作,具有特定的功能。函数定义包含函数返回类型、函数名称、参数列表和函数体。如下:

```
int addNumbers(int a, int b) {
    int sum = a + b;
    return sum;
}
```

(7) 表达式和操作符

C语言支持各种算术、逻辑和关系操作符等,用于构建各种表达式,进行计算、判断和数据处理。如下:

int a = 10, b = 5;

int sum = a + b;   // 加法表达式

```
int product = a * b;   // 乘法表达式
int isGreater = (a > b);   // 关系表达式
```

(8) 控制语句

C 语言提供了条件语句(if-else)、循环语句(for、while、do-while)和跳转语句(break、continue、return 等)来控制程序的执行流程。如下：

```
if (score > = 60) {
    printf("Pass\n");
} else {
    printf("Fail\n");
}
for (int i = 1; i < = 5; i + +) {
    printf("%d", i);
}
while (num > 0) {
    printf("%d", num);
    num - -;
}
```

(9) 数组和指针

C 语言支持数组和指针,用于处理一系列相关数据和内存地址的操作。如下：

```
int numbers[5] = {1, 2, 3, 4, 5};   // 声明一个包含 5 个元素的整数数组
int * ptr = &num;   // 声明一个指向整数的指针,并将其指向 num 的地址
```

(10) 结构体和联合体

结构体用于定义一组相关的数据项,而联合体用于共享同一块内存的不同数据类型。如下：

```
struct Point {          // 结构体
    int x;
    int y;
};
union Data {            // 联合体
    int intValue;
    float floatValue;
    char stringValue[20];
};
```

(11) 输入输出

C 语言使用标准库函数来进行输入和输出操作。其中 printf() 函数用于输出内容,scanf() 函数用于输入内容。如下：

```
int age;
printf("Enter your age：");
scanf("%d", &age);
printf("Your age is：%d", age);
```

以上是 C 语言的主要语法规则,它们构成了 C 语言的基本组成部分,可以用于编写各

种功能强大的程序。

4．数据类型

数据类型(data types)用于定义数据的种类和操作。常见的数据类型包括整数、浮点数、字符、布尔值和数组等。不同的编程语言支持不同的数据类型，程序员需要根据需求选择合适的数据类型。

例子：以下是使用 C 语言定义一个整数变量和一个字符串变量的示例程序。

```
＃include〈stdio.h〉
int main() {
    int number = 10;
    char message[] = "Hello，World!";
    printf("Number：%d\n"，number);
    printf("Message：%s\n"，message);
    return 0;
}
```

这个程序使用了 C 语言的 int 数据和 char 数组数据类型来存储整数和字符串，并使用 printf()函数将它们输出到控制台(显示器)。

C 语言具有多种基本数据类型，每种类型都有其特定的存储要求和取值范围。以下是 C 语言中常用的数据类型：

(1) 整数类型

int：整数类型，通常为机器字长(32 位或 64 位)大小。

short：短整数类型，通常为 16 位。

long：长整数类型，通常为 32 位。

long long：长长整数类型，通常为 64 位。

(2) 浮点数类型

float：单精度浮点数类型，通常为 32 位。

double：双精度浮点数类型，通常为 64 位。

(3) 字符类型

char：字符类型，通常为 8 位，用于存储单个字符。

(4) 枚举类型

enum：枚举类型，用于定义一组具有离散取值的符号名称。

在 C 语言中，枚举类型(enumeration)允许开发者定义一组具名的常量。下面是一个示例，说明如何在 C 语言中使用枚举类型：

```
＃include〈stdio.h〉
enum Season {    // 定义一个枚举类型 Season
    SPRING，
    SUMMER，
    AUTUMN，
    WINTER
```

```
};
int main() {
    enum Season currentSeason;    // 声明一个 Season 类型的变量
    currentSeason = SUMMER;       // 使用枚举类型中定义的常量进行赋值
    switch (currentSeason) {      // 使用 switch 语句根据季节输出相应的信息
        case SPRING:
            printf("It's springtime! \n");
            break;
        case SUMMER:
            printf("It's summertime! \n");
            break;
        case AUTUMN:
            printf("It's autumn! \n");
            break;
        case WINTER:
            printf("It's winter! \n");
            break;
        default:
            printf("Invalid season. \n");
    }
    return 0;
}
```

运行结果：

It's summertime!

在上述示例中,首先使用 enum 关键字定义了一个枚举类型 Season,其中包含了四个常量,分别为 SPRING、SUMMER、AUTUMN 和 WINTER。这些常量分别代表春季、夏季、秋季和冬季。

在上述程序的 main() 函数中,声明了一个 Season 类型的变量 currentSeason,并将其赋值为 SUMMER,表示当前季节为夏季。

接下来,使用 switch 语句根据当前季节的值输出相应的信息。在上例中,由于 currentSeason 的值为 SUMMER,因此会输出 "It's summertime!"。

上述是一个简单的 C 语言枚举类型的示例。通过使用枚举类型,可以为常量赋予有意义的名称,并在代码中使用这些名称,使得代码更加可读和易于维护。

(5) 指针类型

int *：指向整数类型的指针。

char *：指向字符类型的指针。

以及其他任意类型的指针。

(6) 数组类型

int[]：整数类型的数组。

char[]：字符类型的数组。

其他任意类型的数组。

(7) 结构体类型

struct：结构体类型，用于定义包含不同数据类型成员的复合类型。

(8) 联合类型

union：联合类型，用于定义共享相同存储空间的不同数据类型的变量。

(9) 无返回值类型

void：表示没有返回值的特殊类型。

这些数据类型可以通过关键字进行声明和使用，例如 int x 表示声明一个整数变量 x。C 语言还提供了类型修饰符（signed、unsigned、long、short 等）来改变数据类型的范围和属性。

需要注意具体的数据类型的大小和范围在不同的编译器和平台上可能会有所差异，可以使用 sizeof 运算符来获取数据类型的字节大小。

5. 控制结构

控制结构（control structures）用于控制程序的执行流程。常见的控制结构包括条件语句（如 if 语句和 switch 语句）和循环语句（如 for 循环和 while 循环）。掌握控制结构可以实现程序的选择执行和重复执行。

例子：以下是使用 C 语言编写的判断数字正或负的示例程序。

```c
#include <stdio.h>
int main() {
    int num = -5;
    if (num > 0) {
        printf("The number is positive.\n");
    } else if (num < 0) {
        printf("The number is negative.\n");
    } else {
        printf("The number is zero.\n");
    }
    return 0;
}
```

这个程序使用了 C 语言的 if-else 语句来判断给定数字的正或负，并将结果输出到控制台。

2.2　函数、模块与数据结构

1. 函数和模块

函数（functions）是一段封装了特定功能的可重用程序代码块。通过函数，程序员可以将程序分割为更小的模块,提高代码的可维护性和复用性。模块(modules)是一组相关函数和数据的集合。模块化编程可以提高程序的可读性和可扩展性。

例子:以下是使用 C 语言设计的一个计算两个数之和的函数的示例程序。

```c
#include <stdio.h>
int add_numbers(int num1, int num2) {        // 自定义函数
    int sum = num1 + num2;
    return sum;
}
int main() {
    int result = add_numbers(5, 10);        // 函数调用
    printf("The sum is %d\n", result);
    return 0;
}
```

这个程序定义了一个名为 add_numbers 的函数,接收两个参数并返回它们的和。然后,通过调用该函数并输出结果,实现了计算两数之和的功能。

2. 数据结构

在计算机科学技术中,数据结构(data structures)是作为一门核心课程学习的,数据结构用于组织和存储数据。常见的数据结构包括数组、链表、栈、队列、树和图等。选择合适的数据结构可以提高程序的效率和性能。

例子:以下是使用 C 语言设计的一个简单的数组和链表数据结构的示例程序。

```c
#include <stdio.h>
#include <stdlib.h>
// 数组数据结构
void array_example() {
    int arr[5] = {1, 2, 3, 4, 5};
    printf("Array:");
    for (int i = 0; i < 5; i++) {
        printf("%d", arr[i]);
    }
    printf("\n");
}
// 链表数据结构
struct Node {
    int data;
    struct Node * next;
};
void linked_list_example() {
    struct Node * head = NULL;
```

```c
    // 创建链表节点
    struct Node * node1 = (struct Node * )malloc(sizeof(struct Node));
    node1->data = 1;
    node1->next = NULL;
    // 创建链表节点
    struct Node * node2 = (struct Node * )malloc(sizeof(struct Node));
    node2->data = 2;
    node2->next = NULL;
    // 将节点连接起来
    head = node1;
    node1->next = node2;
    // 遍历链表
    printf("Linked List：");
    struct Node * current = head;
    while (current ! = NULL) {
        printf("%d", current->data);
        current = current->next;
    }
    printf("\n");
    // 释放内存
    free(node1);
    free(node2);
}

int main() {
    array_example();
    linked_list_example();
    return 0;
}
```

运行结果如下：

Array：1 2 3 4 5

Linked List：1 2

这个程序演示了如何使用 C 语言实现数组和链表数据结构。通过输出数组和遍历链表，展示了它们的存储和访问方式。

计算机程序设计基础知识包括算法设计、编程语言、语法规则、数据类型、控制结构、函数和模块、数据结构等多个方面。通过学习和掌握这些基础知识，将能够更好地理解和编写计算机程序。通过图文并茂的示例程序，可以更直观地了解这些基础程序模块的实际应用和工作原理。不断学习和实践是提升编程能力的关键。

第2部分
C语言重点知识和疑难解析

　　本部分共分10章内容,分别介绍了如何创建简单C程序、顺序结构程序设计、选择结构程序设计、循环结构程序设计、模块化程序设计、指针操作、数组操作、字符串操作、结构体操作、文件操作相关内容,对主要知识点进行总结,并通过示例来引导学习C语言程序设计,从而提高读者的程序设计水平。

第 1 章 C 语言概述

1.1 C 语言的程序代码

1. C 语言程序的结构

C 语言程序的结构可以分为预处理部分、全局声明部分、主函数和其他函数定义部分。以下是 C 语言程序的典型结构。

(1) 预处理部分

C 语言程序通常以 ♯include 指令开始，它用于包含头文件，头文件中声明了一些标准库函数和宏定义，供程序使用。预处理指令都以井号（♯）开头，不是真正的 C 语句，而是在编译之前进行的预处理操作。

♯include〈stdio.h〉　// 包含 stdio.h 头文件，该文件包含了标准输入输出函数的声明

(2) 全局声明部分

在主函数之前，可以声明全局变量和函数。全局变量在程序的任何地方都可以访问，而函数声明用于在主函数之前告知编译器有关函数的信息。

int globalVar；　// 全局变量声明

int addNumbers(int a，int b)；　// 函数声明

(3) 主函数

C 语言程序的执行始于 main() 函数。main() 函数是程序执行的入口点，它必须被定义，并且返回一个整数值（通常是 0 表示正常退出），程序的执行都是从 main() 函数开始的。

```
int main(){
    …  // 主函数体部分
    return 0;
}
```

(4) 其他函数定义部分

在 main() 函数之后，可以定义其他自定义函数，这些函数用于实现程序的各种功能。函数的定义包含函数返回类型、函数名称、参数列表和函数体。

```
int addNumbers(int a，int b){  // 自定义函数
    int sum = a + b；
    return sum；
}
```

```
void printMessage() {                // 自定义函数
    printf("Hello，World! \n");
}
```
完整的 C 语言程序结构示例如下：
```
#include <stdio.h>
// 全局变量声明
int globalVar;
// 函数声明
int addNumbers(int a，int b);
void printMessage();
// 主函数
int main() {
    // 主函数体
    int result = addNumbers(10，5);
    printf("Result：%d\n"，result);
    printMessage();
    return 0;
}
// 其他函数定义
int addNumbers(int a，int b) {
    int sum = a + b;
    return sum;
}
void printMessage() {
    printf("Hello，World! \n");
}
```
这就是一个完整的 C 语言程序结构。它由预处理部分、全局声明部分、主函数和其他函数定义部分组成，每个部分都有其特定的作用。编写 C 语言程序时需要遵循这个结构，使得程序有组织并且易于理解和维护。

2. 培养良好的程序设计习惯

良好的 C 语言编程习惯对于提高代码质量、可读性和可维护性至关重要，值得每一个学习 C 语言的人重视。以下是一些培养 C 语言程序设计编程良好习惯的建议。

(1) 规范化的命名约定

使用有意义、方便记忆且一致的命名来标识变量、函数和其他实体。采用驼峰命名法或下划线命名法，并遵循命名约定，如使用有意义的名词和动词来描述实体的用途和功能。
```
// 示例：使用有意义、方便记忆且一致的命名
int studentAge；
float averageScore；
```

```c
void calculateSum();
```

(2) 缩进和格式化

使用一致的缩进和代码格式化风格,使代码易于阅读和理解。适当地使用空格、换行和大括号来组织代码块,增加整个程序的可读性。

```c
// 示例:使用一致的缩进和格式化
for (int i = 0; i < 10; i + +) {
    if (i % 2 = = 0) {
        printf("%d is even\n", i);
    } else {
        printf("%d is odd\n", i);
    }
}
```

(3) 注释

在程序的关键位置添加注释,用来解释代码的意图、算法和逻辑。注释应该简洁明了,描述清楚代码的作用和思路。

```c
// 示例:在关键位置添加注释
int calculateSum(int a, int b) {
    // 计算两个数的和
    int sum = a + b;
    return sum;
}
```

(4) 模块化设计

将程序划分为模块,每个模块负责特定的功能。使用函数来封装代码,提高代码的可复用性和可维护性。

```c
// 示例:将程序划分为模块
// 模块 1:计算两个数的和
int calculateSum(int a, int b) {
    int sum = a + b;
    return sum;
}
// 模块 2:打印结果
void printResult(int result) {
    printf("Result: %d\n", result);
}
// 主函数
int main() {
    int num1 = 10, num2 = 5;
    int sum = calculateSum(num1, num2);      // 调用函数模块
    printResult(sum);                        // 调用函数模块
    return 0;
```

```
}
```

(5) 避免过度使用全局变量

合理使用局部变量和函数参数,避免过度依赖全局变量。全局变量的使用应限制在必要的情况下,努力做到少用或不用全局变量,以避免命名冲突和不可预测的副作用。

```
// 示例:避免过度依赖全局变量
// 同名的局部变量不会造成冲突
int calculateSum(int a, int b) {
    int sum = a + b;
    return sum;
}
int main() {
    int num1 = 10, num2 = 5;
// 同名的局部变量不会造成冲突
    int sum = calculateSum(num1, num2);
    printf("Result:%d\n", sum);
    return 0;
}
```

(6) 错误处理

在程序中合理处理错误和异常情况,避免潜在的错误和崩溃,同时增加了程序的健壮性。使用条件语句和错误码来检查和处理可能发生的错误。

```
// 示例:合理处理错误和异常情况
int divideNumbers(int a, int b) {
// 通过条件判断进行错误处理
    if (b == 0) {
        printf("Error:Division by zero\n");
        return -1;
    }
    int result = a/b;
    return result;
}
int main() {
    int num1 = 10, num2 = 0;
    int divisionResult = divideNumbers(num1, num2);
    if (divisionResult != -1) {
        printf("Result:%d\n", divisionResult);
    }
    return 0;
}
```

(7) 常量和宏定义

使用常量来代替魔法数字,以增加代码的可读性和可维护性。使用宏定义来定义常用的常量和函数,以提高代码的可复用性和可维护性。

```
// 示例:使用常量和宏定义提高代码的可读性和可维护性
// 宏定义
#define MAX_SIZE 100
// 常量
const float PI = 3.14;
int main() {
    int numbers[MAX_SIZE];
    for (int i = 0; i < MAX_SIZE; i++) {
        numbers[i] = i;
    }
    float circumference = 2 * PI * radius;
    return 0;
}
```

(8) 编译警告和调试

注意编译器的警告信息,并修复代码中的警告。在调试代码时,使用合适的调试工具和技术,帮助定位和解决问题。

(9) 代码复审

让他人复审你的代码,从不同的角度发现潜在问题和改进的空间。与其他开发者分享并讨论你的代码,互相学习和提升程序设计能力,程序设计水平的提高需要相互学习。

(10) 持续学习和实践

持续进行 C 语言的实践和新的编程技术学习,参与实际项目的编程开发,不断锻炼和提高自己的编程能力。

通过积极实践和遵循这些良好的编程习惯,可以逐渐培养出高质量的 C 语言编程习惯,并在编写程序时获得更好的效果。这些习惯将有助于提高代码的可读性、可维护性和可靠性,使编写的 C 语言程序更加健壮和可持续发展,并为未来的编程工作奠定坚实的基础。

1.2　常用 C 语言开发平台

1. Visual Studio 2022

(1) 安装 Visual Studio 2022

从 Microsoft 官方网站下载并安装最新版本的 Visual Studio 2022,对于初学者可以安装免费的社区版(Microsoft Visual Studio Community 2022－64 位),Visual Studio 2022 的微软官方安装网址是:https:// visualstudio. microsoft. com/vs/,在浏览器中输入网址,回车出现图 1.1 所示的界面,选择 Community 2022(社区版)安装即可。

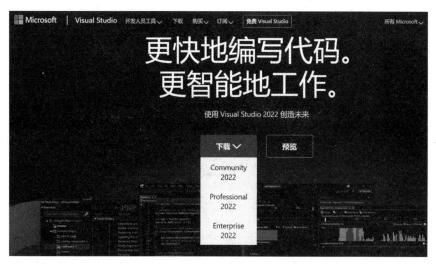

图 1.1　Visual Studio 2022 的微软官方安装

根据提示信息安装完 Visual Studio Community 2022 之后,就可以编写 C 语言程序。

（2）启动 Visual Studio 2022

安装好 Visual Studio 2022 之后,启动系统则可以进入程序设计开发界面。在 Windows 系统【开始菜单】中点击"Visual Studio 2022"启动,如图 1.2 所示。

图 1.2　Visual Studio 2022 启动

① 创建新的 C 语言项目:启动 Visual Studio 2022 后,选择"创建新项目"或"新建项目"选项。在弹出的对话框中,选择"C++控制台应用"作为项目类型,如图 1.3 和图 1.4 所示。需要注意的是,Visual Studio 2022 是多语言平台,C 语言程序设计仅仅是其中一部分,在安装 Visual Studio 2022 后,根据需要可能多次添加系统功能。

图 1.3　Visual Studio 2022 启动首界面

控制台应用项目创建之后,系统自动创建一个 C++框架(图 1.5),初学者记住不要修改这个框架,编写 C 语言程序代码时将代码填充在这个框架的合适位置即可。

图 1.4　Visual Studio 2022 C++ 控制台应用程序

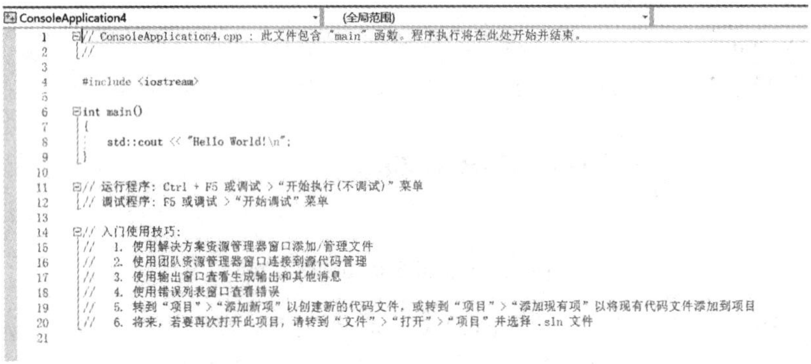

图 1.5　C++ 控制台应用程序框架

　　② 编写 C 语言代码:在创建控制台项目后,Visual Studio 会自动生成一个名为"main. c"的源文件。双击打开该文件(图 1.6),并在其中编写 C 语言代码(图 1.7),图 1.7 中所示的是一个简单的示例。

图 1.6　打开 main. c 文件

```
#include <iostream>
#include <cstdio>
  using namespace std;

int main()
{
    int i , sum = 0;
    for (i = 1; i <= 100; i++)
    {
        sum = sum + i;
    }
    printf("1+2+3+..+100=%d", sum);
    return 0;
}
```

图 1.7　补充代码

③ 运行程序:程序代码编写填写后,可以按下快捷键 F5 或从菜单中选择【调试】—【开始调试】来运行程序,具体的调试与执行过程需要在实践中不断掌握和熟练。程序的输出将显示在输出窗口中。

图 1.7 中程序的任务是编写求 1—100 的正整数的和,程序的运行结果:

$1+2+3+\cdots+100=5050$

以上是使用 Visual Studio 2022 编写简单 C 语言程序的基本步骤。可以根据需要进行更复杂的编码和项目设置。记得保存编写的程序代码,养成良好的编程习惯和独特的个人风格。

2. Visual Studio C++6.0

(1) 启动 Visual Studio C++6.0

Visual Studio C++6.0 是比较旧的 C 语言学习平台,但是安装简单,使用方便,对于初学 C 语言者也是一个好的选择。

首先启动 Visual Studio C++6.0,界面如图 1.8 所示。

图 1.8　VC++6.0 启动界面

(2) 新建项目

从【文件】菜单中选择【新建】—【新建项目（工程）】，选择 Win32 Console Application，输入工程名（如"ex1"），点击【确定】则建立一个新的工程，对于初学者可以选择新建一个"Hello World!"程序，如图 1.9 和图 1.10 所示。

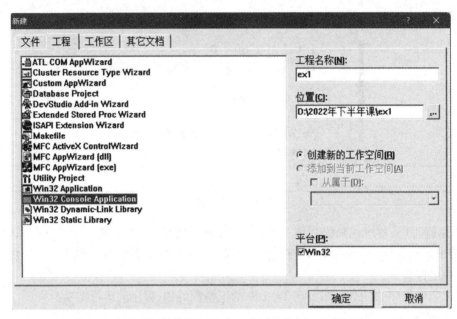

图 1.9　创建 Win32 Console Application 工程

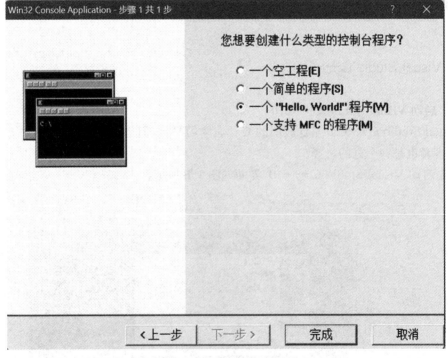

图 1.10　选择控制台类型

（3）输入和完善程序代码

经过选择创建了一个"Hello world"的控制台应用工程,初始内容如图 1.11 所示。然后在该工程框架内打开 main.c 文件,并在其中添加和修改代码(图 1.12),完成代码编写检查后,点击 F10 或 F11 执行程序。

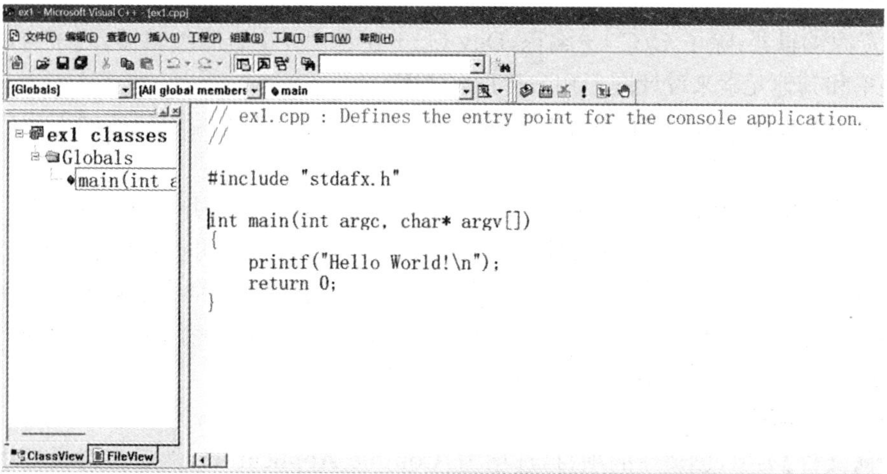

图 1.11　main.c 的初始内容

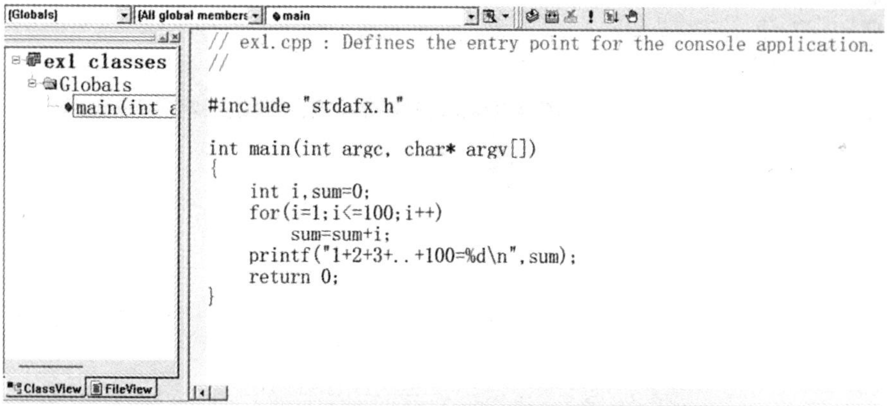

图 1.12　在 main.c 文件中添加完善程序代码

图 1.12 中代码的运行结果:

$1+2+3+\cdots+100=5050$

3. Dev C++平台

Dev C++是一个用于 C 和 C++编程语言的集成开发环境(IDE)。它主要适用于 Windows 平台,并提供了一个用户友好的界面,用于编写、编译和调试 C/C++程序。

Dev C++的主要特点包括:

① 代码编辑器:Dev C++提供了带有语法高亮、代码自动补全和导航功能的代码编辑器。它有助于提高编码效率,减少语法错误的可能性。

② 编译器:Dev C++预装了 MinGW GCC(GNU 编译器集合),可以用于编译 C/C++

程序。这样你可以将源代码转换成可在计算机上运行的可执行文件。

③ 调试器:该 IDE 还提供调试器,可让你逐步查找和修复代码中的问题。这对于查找逻辑错误、检查变量以及了解程序执行流程非常有用。

④ 项目管理:Dev C++ 允许你将代码组织成项目。项目有助于将相关文件放在一起,便于构建和管理较大的应用程序。

⑤ 资源编辑器:除了 C/C++ 编程,Dev C++ 还包含一个资源编辑器,用于通过操作对话框、菜单和其他元素来设计图形用户界面(GUI)。

⑥ 代码模板:该 IDE 提供代码模板或片段,可通过提供常见编程任务的即用代码来加速开发过程。

⑦ 插件支持:Dev C++ 支持插件,允许开发人员扩展其功能,并根据需要定制 IDE。

请注意,Dev C++ 的最后更新日期是在 2015 年,因此其开发可能不像其他现代 IDE 那样活跃。因此,它可能在某些功能和与最新 C++ 标准的兼容性方面存在限制。如果你想在 Windows 平台上寻找更现代、开发活跃的 C/C++ 编程 IDE,可以考虑 Visual Studio Community Edition、Code Blocks 或 CLion 等其他选择。

(1) 创建新项目

选择【文件】菜单,创建新的项目,选项为:Console Application,然后在对话框中选择项目保存路径和项目名,点击【确定】则创建一个新的 Dev C++ 项目,如图 1.13 所示。

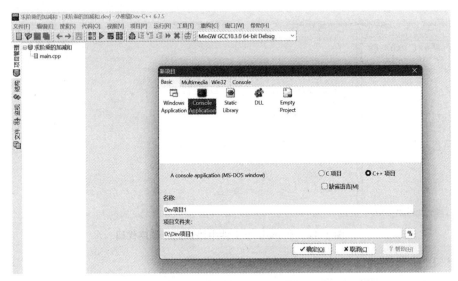

图 1.13　创建 Dev C++ 项目

创建项目之后在项目中的 main.cpp 文件生成的程序框架中填写与完善 C 语言代码,如图 1.14 所示。

如图 1.14 所示,在 main() 函数中输入求 $1+2+3+\cdots+100$ 的和的程序代码,然后运行程序。

运行结果:

$1+2+3+\cdots+100=5050$

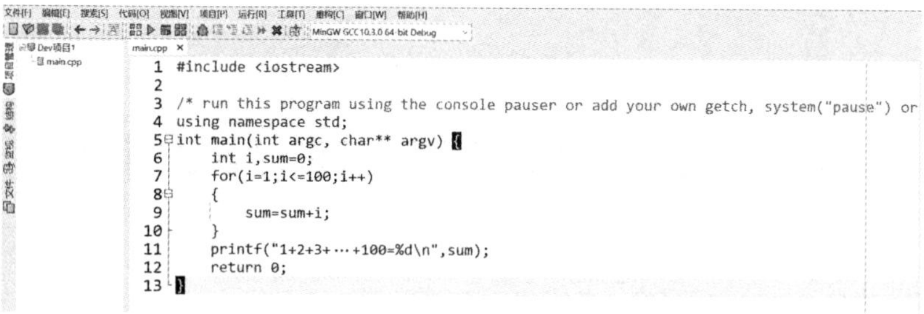

图 1.14　在 Dev C++ 框架中完善程序代码

4. Visual Studio 2019、Dev－C++ 和 Visual Studio C++6.0 比较

比较 Visual Studio 2022、Dev－C++ 和 Visual Studio 6.0（实际上是 Visual C++6.0）时，以下是它们之间的一些主要异同点。

(1) Visual Studio 2022

① 是 Microsoft 开发的较新版本的集成开发环境（IDE）；

② 支持多种编程语言，包括 C/C++ 、C♯、Visual Basic、F♯等；

③ 提供了丰富的功能，包括强大的代码编辑器、调试器、测试工具、代码分析器等；

④ 集成了 NuGet 包管理器，支持直接安装第三方库和工具；

⑤ 具有现代化的界面和更好的性能，支持多个窗口和标签页，适用于各种规模的项目开发；

⑥ 支持团队协作开发，集成了 Git 和其他版本控制系统；

⑦ 目前初学者都是使用免费的 Visual Studio 2022（社区版）。

(2) Dev－C++

① Dev－C++ 是一个面向 C/C++ 编程的免费开源集成开发环境（IDE）；

② 主要适用于 Windows 平台，并使用 MinGW GCC 编译器；

③ 提供了简单的界面和基本的代码编辑、编译、调试功能；

④ 适用于初学者或小型项目的快速开发，但功能上相对较为有限；

⑤ 开发停滞时间较长，对于现代 C++ 标准的支持可能有限。

(3) Visual Studio 6.0（Visual C++6.0）

① Visual Studio 6.0 是 Microsoft 推出的旧版集成开发环境（IDE）；

② 主要面向 C++ 编程，支持 Windows 平台；

③ 该版本发布于 1998 年，因此功能相对较旧；

④ 缺少现代 IDE 的很多新功能，适用性较差，不推荐用于现代 C++ 开发；

⑤ 不支持最新的 C++ 标准，对于当今的开发需求可能已不适用。

(4) 总结

① Visual Studio 2022/2023 是新版本的 IDE，功能强大且支持多种语言，适用于各种规模的项目；

② Dev－C++ 是一款简易的免费 IDE，适用于初学者和小型项目，但功能有限且开发停滞；

③ Visual Studio 6.0 是一款古老的 IDE，功能相对较旧，不推荐用于现代 C++ 开发，尤其是不支持最新的 C++ 标准；

④ 如果需要选择合适的 IDE，请根据你的具体需求和项目规模选择最适合的工具。

第 2 章　顺序结构程序设计

2.1　基础知识

1. C 语言程序的顺序结构

计算机程序的控制结构包括顺序结构、选择结构和循环结构。C 语言程序的顺序结构是指程序按照代码的编写顺序,逐行依次执行,按照从上到下,从左到右的顺序,如图 2.1 所示。

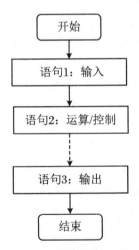

图 2.1　顺序结构的流程

顺序结构是 C 语言中最基本与最基础的程序控制结构,它包括以下几个方面:

(1) 变量声明

在程序开始的地方,我们可以声明变量。变量声明告诉编译器变量的名称和类型,以便在程序中使用。例如:

int age;　　　// 声明了整型变量 age

float salary;　　// 声明了浮点型变量 salary

(2) 输入

程序可以使用输入函数(如 scanf())从用户那里接收输入。通过输入函数,可以将用户输入的数值存储到变量中,以供后续使用。例如:

scanf("%d", &age);　　　// 标准输入函数

(3) 运算和表达式

程序可以执行各种数学运算和逻辑操作。可以使用算术运算符(如 + 、－ 、* 、/)、关系运算符(如>、<、= =)、逻辑运算符(如 &&、||、!)等来执行相应的计算和比较。例如：

int sum = a + b;

int result = (x > y) && (z < w);

(4) 输出

程序可以使用输出函数(如 printf())将结果显示给用户。通过输出函数,可以将变量的值、字符串、格式化的文本等输出到终端或控制台上。例如：

printf("Sum is：%d\n", sum);

(5) 控制语句

程序可以使用控制语句来改变程序的执行流程。常见的控制语句包括条件语句(如 if、else)、循环语句(如 for、while)、跳转语句(如 break、continue)等。这些控制语句可以帮助我们根据特定的条件执行不同的代码块或重复执行一段代码。例如：

```
if (age >= 18) {
    printf("You are an adult. \n");
} else {
    printf("You are a minor. \n");
}
```

顺序结构使得能够按照逻辑顺序编写和执行代码,从而实现程序的功能。理解和掌握顺序结构是学习和编写 C 语言程序的基础。

2. C 语言的顺序结构的重点和难点

(1) 重点

① 程序流程控制：顺序结构的重点是理解和掌握程序的流程控制。程序从上到下依次执行,每个语句按照其出现的顺序依次执行。无论程序由哪几种控制结构组成,程序的总体流程是顺序的。

② 变量的声明和使用：在顺序结构中,需要正确地声明和使用变量。变量的声明应在使用之前,并且确保使用正确的数据类型和合适的作用域。

③ 输入和输出：顺序结构程序通常涉及与用户交互,即从用户那里获取输入并向用户显示输出。需要学会使用适当的输入和输出函数来实现这一功能。

④ 函数的调用：在顺序结构程序中,函数的调用是常见的操作。了解如何定义和调用函数,并正确地传递参数和接收返回值,是很重要的。

(2) 难点

① 错误处理：在顺序结构程序设计中,需要学会处理可能出现的错误和异常情况。这包括对输入数据的验证和错误处理机制的实现。

② 复杂逻辑：顺序结构程序可能涉及复杂的逻辑判断和条件语句。这可能会增加程序的复杂性和难度,需要仔细考虑和正确实现逻辑。

③ 算法设计：在解决问题时,需要设计和实现合适的算法。这可能涉及选择合适的数据结构、使用循环、条件语句等。算法设计的正确性和效率是需要考虑的难点。

④ 调试和错误排查:在编写和运行顺序结构程序时,可能会出现错误和异常。学会使用调试工具和技巧,以及排查错误的方法,是很重要的。

掌握这些重点和难点,需要进行实践和不断的练习。初学者通过编写小型的顺序结构程序,逐步增加复杂性,可以提高自己的编程能力和理解。同时,参考相关的学习资料和教程,对于加强对 C 语言的理解和掌握也是很有帮助的。

3. print( ) 函数

C 语言中的 printf( ) 函数用于将输出显示在终端或控制台上。它具有以下格式:

printf("格式字符串", 参数列表);

其中,"格式字符串"用于指定输出的格式,而参数列表则是要输出的值。以下是一些常见的格式说明符及其使用:

① %d:输出十进制整数;

② %f:输出浮点数;

③ %c:输出字符;

④ %s:输出字符串;

⑤ %x:输出十六进制整数。

(1) 格式字符串

在 printf( ) 中,格式字符串是一个重要的部分。它定义了输出的格式和要显示的值的类型。格式字符串中的格式说明符需要与参数列表中的值相匹配。例如,如果要输出一个整数,应该使用%d 作为格式说明符。

(2) 转义字符

在格式字符串中,还可以使用转义字符来表示特殊字符,例如换行符(\n)、制表符(\t)等。转义字符以反斜杠()开始,后跟特定的字符。

(3) 字段宽度和精度

格式字符串中的格式说明符还可以包含字段宽度和精度。字段宽度指定输出字段的最小宽度,精度用于控制浮点数的小数位数。例如,%6.2f 表示输出一个占 6 个字符宽度、保留 2 位小数的浮点数。

(4) 输出控制

printf( ) 函数提供了多种输出控制选项,例如对齐方式、填充字符等。通过在格式字符串中添加相应的标志,可以控制输出的对齐和格式化。

(5) 参数列表

printf( ) 函数的参数列表包含要输出的值。参数的数量和类型必须与格式字符串中的格式说明符相匹配。如果不匹配,可能会导致输出错误或未定义行为。

了解这些难点并进行实践练习是提高对 printf( ) 函数的理解和正确使用的关键。通过阅读相关的文档、参考书籍和练习编程任务,可以进一步加深对 printf( ) 函数的掌握。

4. scanf( ) 函数

scanf( ) 函数是 C 语言中标准输入函数之一,用于从标准输入流(通常是键盘)读取数据。它允许程序员从用户那里获取输入,并将输入的值存储到指定的变量中。scanf()函数的原型声明在 stdio.h 头文件中,因此在使用它之前,需要包含该头文件。

scanf()函数使用格式化字符串(format string)来指定输入数据的类型和格式。格式化字符串包含一系列的格式控制符,每个控制符对应一个变量的类型。当 scanf()函数被调用时,它会等待用户输入数据,并按照格式化字符串的要求解析输入数据,然后将数据存储到相应的变量中。

以下是 scanf()函数的基本语法:

int scanf(const char * format, ...);

format 参数是一个字符串,用于指定输入的格式。每个格式控制符都以百分号%开头,并且对应一个或多个变量的地址,用于存储输入的数据。

scanf()函数返回一个整数,表示成功读取的数据项数。如果成功读取到所有指定的数据项,则返回成功读取的数据项数,否则返回 EOF(在 stdio.h 中定义为 -1)。

下面是一些常用的 scanf()函数格式控制符:

① %d:读取一个整数;

② %f:读取一个浮点数;

③ %c:读取一个字符;

④ %s:读取一个字符串(不包含空白字符);

⑤ %lf:读取一个双精度浮点数(long double);

⑥ %x:读取一个十六进制整数。

注意事项如下:

① 在使用 scanf()函数读取字符或字符串时,遇到第一个空白字符(空格、制表符、换行符等)会停止读取;

② 在读取字符或字符串时,要确保目标变量有足够的空间来存储输入的数据,以防止缓冲区溢出;

③ scanf()函数对于错误或无效的输入处理能力有限,因此在实际使用中,应该谨慎处理错误输入。

以下是一个示例代码,演示如何使用 scanf()函数从用户获取输入并进行处理:

```
#include〈stdio.h〉
int main(){
    int num1, num2;
    float average;
    printf("请输入两个整数:\n");
    scanf("%d %d", &num1, &num2);    // 输入两个数,用空格分隔
    average = (num1 + num2)/2.0;
    printf("两个数的平均值是:%f\n", average);
    return 0;
}
```

在这个例子中,用户输入两个整数,然后通过 scanf()函数将这两个整数读取并存储到 num1 和 num2 变量中。接着,计算这两个整数的平均值,并将结果输出到屏幕上。

2.2 顺序结构的应用案例

当使用 C 语言编写程序时,顺序结构是最基本和最常见的程序结构之一。它按照代码的书写顺序依次执行每一条语句。以下是两个简单的例子,展示了顺序结构的基本应用。

1. 计算矩形面积

```c
#include <stdio.h>
int main() {
    double length, width, area;
    // 输入矩形的长度和宽度
    printf("请输入矩形的长度:");
    scanf("%lf", &length);
    printf("请输入矩形的宽度:");
    scanf("%lf", &width);
    // 计算矩形的面积
    area = length * width;
    // 输出结果
    printf("矩形的面积是:%lf\n", area);
    return 0;
}
```

运行结果:

请输入矩形的长度:20

请输入矩形的宽度:10

矩形的面积是:200.000000

在这个例子中,通过顺序结构实现了一个简单的矩形面积计算程序。首先,用户输入矩形的长度和宽度,然后通过计算得到矩形的面积,最后将结果输出。

2. 温度转换

```c
#include <stdio.h>
int main() {
    float celsius, fahrenheit;
    // 输入摄氏温度
    printf("请输入摄氏温度:");
    scanf("%f", &celsius);
    // 将摄氏温度转换为华氏温度
```

```
fahrenheit = (celsius * 9/5) + 32;
// 输出结果
printf("对应的华氏温度:%f\n", fahrenheit);
return 0;
}
```

运行结果:

请输入摄氏温度:37

对应的华氏温度:98.599998

在这个例子中,使用顺序结构实现了一个温度转换程序。用户输入摄氏温度,然后通过一定的计算公式将其转换为华氏温度,并将结果输出。

在上面两个例子中,都能够看到顺序结构的特点:代码按照编写顺序从上到下依次执行,逐步完成预期的任务。这种简单的顺序执行方式在许多程序中都起到了重要的作用。

第 3 章　选择结构程序设计

3.1　C 语言选择程序结构

在 C 语言中,条件结构(选择结构)是常用的程序控制结构,常见的条件结构包括以下几种类型。

1. C 语言的条件运算

C 语言中的条件运算符"?"(也称为三元运算符):是一种简洁的条件表达式格式,用于根据条件的真假选择不同的表达式进行求值,条件运算符一般用来实现赋值运算。

其语法形式为:条件表达式 ? 表达式 1 : 表达式 2;

说明:

① 首先计算条件表达式的值。

② 判断:如果条件表达式的值为真(非零),则求值结果为表达式 1 的值。

③ 判断:如果条件表达式的值为假(零),则求值结果为表达式 2 的值。

示例:

int number＝10;

int result＝(number ＞ 0)? number : － number;　　// 条件运算给变量赋值

上述示例中,如果 number 大于 0,则将 number 赋值给 result;否则将 － number 赋值给 result。

条件运算符在简单的条件选择和表达式求值中很有用,可以简化程序代码,并使代码更加紧凑和可读。然而,过度使用条件运算符可能会降低代码的可读性和维护性,因此在使用时需要适度运用。

2. 单分支 if 语句

if 语句用于根据给定的条件执行不同的代码块。当条件为真时,执行 if 语句后的代码块;否则条件为假,则跳过 if 语句。

示例:

int number＝10;

if (number ＞ 0) {

　　printf("Number is positive. \n");

```
}
```

单分支 if 语句只有一个分支选择出口,如果只有一条子句则可以写成一行格式,如下
所示:

```
if (number ＞ 0)    printf("Number is positive.\n");
```

3. 双分支 if-else 语句

当使用 C 语言时,当出现两种不同选择时候,可以使用双分支 if-else 语句,if-else 语句
用于根据条件的真假执行不同的操作,即执行两个不同的代码块。双分支选择语句在程序
设计广泛应用,举例如下:

```
#include〈stdio.h〉
int main(){
    int num＝10;
    if (num ＞ 0){                        // 如果条件成立,则执下面语句
        printf("Number is positive\n");
    } else {                             // 否则条件不成立
        printf("Number is non－positive\n");
    }
    return 0;
}
```

在这个例子中,定义了一个变量 num 并赋值为 10。然后,使用 if-else 语句根据 num 的
值执行不同的代码块。条件是 num ＞ 0(关系表达式),如果这个条件为真,则执行 if 代码
块中的语句,即输出"Number is positive"。如果条件为假,则执行 else 代码块中的语句,即
输出"Number is non-positive"。

4. 多分支 if-else if … else if-else 语句

在 C 语言程序设计中,当需要在多个条件之间进行选择时,可以使用 C 语言中的 if
else-else if … else if-else 多分支语句。这种语句结构允许在多个条件中选择一个或多个分
支执行相应的代码块。举例如下:

```
#include〈stdio.h〉
int main(){
    int num＝3;
    if (num＝＝1){
        printf("Number is 1\n");
    } else if (num＝＝2){
        printf("Number is 2\n");
    } else if (num＝＝3){
        printf("Number is 3\n");
    } else {
```

```
        printf("Number is not 1, 2, or 3\n");
    }
    return 0;
}
```

在这个例子中,定义了一个变量 num 并赋值为 3。然后,使用 if-else if-else 语句根据 num 的值执行不同的代码块。首先,检查 num 是否等于 1,如果是,则执行 if 代码块中的语句并输出"Number is 1"。如果条件为假,则进入下一个条件,检查 num 是否等于 2,如果是,则执行第二个 else if 代码块中的语句并输出"Number is 2"。如果这个条件也为假,则继续检查下一个条件,即 num 是否等于 3,如果是,则执行第三个 else if 代码块中的语句并输出"Number is 3"。如果前面的所有条件都为假,则执行最后一个 else 代码块中的语句并输出"Number is not 1, 2, or 3"。

上述程序根据 num 的值,程序将输出"Number is 3",因为将 num 的值设为 3。如果将 num 的值更改为 1、2 或任何其他值,程序将根据相应的条件输出不同的结果。

上述例子演示了 if-else if … else if-else 语句的多分支选择。可以根据需要添加更多的 else if 条件来处理更多的情况。

5. switch 多分支语句

C 语言中的 switch 语句是一种用于多分支多路选择的程序控制结构,其基本结构如下所示:

```
switch (expression) {
    case constant1:
        // 代码块 1
        break;
    case constant2:
        // 代码块 2
        break;
    case constant3:
        // 代码块 3
        break;
    // 可以添加更多的 case
    [default:                        // []表示可选项
        // 默认情况下的代码块
        break;]
}
```

上述 switch 语句包含以下几个部分:

① expression:一个表达式,其值将与每个 case 后的常量进行比较。这个表达式可以是整数、字符或枚举类型。

② case constant1:一个常量值,用于与 expression 进行比较。如果 expression 的值与某个 case 后的常量值相等,则执行与该 case 标签关联的代码块。

③ 代码块 1：在每个 case 标签下，可以编写相应的代码块，用于执行特定的操作。代码块可以包含任意数量的语句。

④ break：在每个 case 代码块的末尾使用 break 语句，以确保在执行完相应的代码块后跳出 switch 语句。如果没有 break 语句，程序将继续执行下一个 case 中的代码，直到遇到 break 或 switch 语句结束为止。

⑤ default：default 标签是可选项，用于处理 expression 的值与所有 case 标签的常量值都不匹配的情况。default 标签下的代码块将在这种情况下执行。

⑥ 默认情况下的代码块：default 标签下的代码块，用于执行默认情况下的操作。

switch 语句的执行方式是，首先计算 expression 的值，然后将其与每个 case 后的常量值进行比较。如果找到匹配的 case，将执行相应的代码块。如果没有找到匹配的 case，将执行 default 标签下的代码块（如果存在）。每个 case 的代码块执行完毕后，程序将跳出 switch 语句。需要注意的是，每个 case 的常量值必须是唯一的，不能重复。而且在同一个 switch 语句中，case 后的常量值必须是可比较的类型，与 expression 的类型兼容。

上述是 C 语言中 switch 语句的基本结构和组成部分说明。通过使用不同的 case 标签，可以根据不同的常量值选择执行不同的代码块。switch 语句提供了一种更简洁和结构化的方式来处理多个分支情况。举例如下：

```c
#include <stdio.h>
int main() {
    int choice;
    printf("Enter a number between 1 and 3:");
    scanf("%d", &choice);
    switch (choice) {
        case 1:
            printf("You entered 1\n");
            break;
        case 2:
            printf("You entered 2\n");
            break;
        case 3:
            printf("You entered 3\n");
            break;
        default:
            printf("Invalid choice\n");
            break;
    }
    return 0;
}
```

在这个例子中，首先声明一个整型变量 choice 来存储用户输入的值。然后，使用 printf()和 scanf()函数来获取用户输入的数字，并将其存储在 choice 变量中。

接下来，使用 switch 语句来根据 choice 的值选择相应的代码块执行。在 switch 后面的括号中,提供了要进行匹配的表达式,即 choice 的值。

然后,在每个 case 标签后面,列出了要执行的代码块。例如,如果 choice 的值等于 1,程序将执行第一个 case 标签下的代码块,并输出"You entered 1"。如果 choice 的值等于 2,程序将执行第二个 case 标签下的代码块,并输出"You entered 2"。如果 choice 的值等于 3,程序将执行第三个 case 标签下的代码块,并输出"You entered 3"。

如果 choice 的值与任何一个 case 标签的值都不匹配,那么将执行 default 标签下的代码块。在这个例子中,如果用户输入的值不是 1、2 或 3,程序将执行 default 标签下的代码块,并输出"Invalid choice"。

请注意,在每个 case 标签的代码块末尾,都使用了 break 语句,这是为了确保只有与匹配的 case 标签对应的代码块被执行。如果不加 break 语句,程序将继续执行下一个 case 标签对应的代码块,这可能会导致错误的结果。

上述这个例子演示了 switch 语句的多分支选择。可以根据需要添加更多的 case 标签来处理更多、更复杂的情况。

3.2 选择程序设计的应用案例

当涉及根据不同的条件执行不同的操作时,C 语言的选择结构非常有用。下面是三个常见的典型应用案例。

1. 成绩评定

根据学生的分数,评定其成绩等级。例如,如果分数大于等于 90,则评定为 A 级,如果在 80 到 89 之间,则评定为 B 级,以此类推。

```c
#include <stdio.h>
int main() {
    int score;
    printf("Enter the score:");
    scanf("%d", &score);
    if (score >= 90) {
        printf("Grade:A\n");
    } else if (score >= 80) {
        printf("Grade:B\n");
    } else if (score >= 70) {
        printf("Grade:C\n");
    } else if (score >= 60) {
        printf("Grade:D\n");
    } else {
        printf("Grade:F\n");
```

```
    }
    return 0;
}
```
运行结果：
Enter the score：91
Grade：A

2. 计算器

设计一个简单的计算器，根据用户选择的操作符执行相应的数学运算。例如根据用户输入的操作符（＋、－、＊、／），执行相应的加法、减法、乘法或除法运算。

```c
#include <stdio.h>
int main() {
    char operator_1;
    double operand1, operand2, result;
    printf("Enter an operator (+, -, *, /):");
    scanf(" %c", &operator_1);
    printf("Enter two operands:");
    scanf("%lf %lf", &operand1, &operand2);
    switch (operator_1) {
        case '+':
            result = operand1 + operand2;
            printf("Result:%lf\n", result);
            break;
        case '-':
            result = operand1 - operand2;
            printf("Result:%lf\n", result);
            break;
        case '*':
            result = operand1 * operand2;
            printf("Result:%lf\n", result);
            break;
        case '/':
            if (operand2 != 0) {
                result = operand1/operand2;
                printf("Result:%lf\n", result);
            } else {
                printf("Error:Division by zero! \n");
            }
            break;
```

```
        default：
                printf("Error：Invalid operator! \n");
                break;
        }
        return 0；
}
```

运行结果：

Enter an operator（＋，－,＊,／)：＋

Enter two operands：12 25

Result：37.000000

3．月份判断

一年有 12 个月,设计程序根据用户输入的月份号码,确定该月份的英文名称。

```
＃include〈stdio.h〉
int main()｛
    int month；
    printf("Enter the month number（1－12)：");
    scanf("%d", &month);
    switch（month)｛
        case 1：
            printf("January\n")；
            break；
        case 2：
            printf("February\n")；
            break；
        case 3：
            printf("March\n")；
            break；
        case 4：
            printf("April\n")；
            break；
        case 5：
            printf("May\n")；
            break；
        case 6：
            printf("June\n")；
            break；
        case 7：
            printf("July\n")；
```

```
                break；
        case 8：
                printf("August\n")；
                break；
        case 9：
                printf("September\n")；
                break；
        case 10：
                printf("October\n")；
                break；
        case 11：
                printf("November\n")；
                break；
        case 12：
                printf("December\n")；
                break；
        default：
                printf("Invalid month number! \n")；
                break；
    }
    return 0；
}
```

运行结果：

Enter the month number（1-12）：7

July

这些例子展示了 C 语言选择结构的应用。通过根据不同的条件选择执行不同的代码块，可以根据需要实现不同的功能和逻辑。根据具体的需求，您可以使用选择结构来解决各种问题。

第4章　循环结构程序设计

4.1　C语言的循环结构

C语言中的循环结构是一种重复执行特定代码块的控制机制。循环结构允许程序重复执行一组语句,直到满足特定条件为止。C语言提供了几种类型的循环结构,包括 for 循环、while 循环和 do-while 循环。

1. for 循环

for 循环是 C 语言中最常用的循环结构之一。它具有以下语法形式:

```
for（初始化表达式；条件表达式；更新表达式）{
    // 循环体代码
}
```

for 循环的执行过程如下:

① 初始化表达式:在循环开始之前执行一次,用于初始化循环控制变量。

② 条件表达式:在每次迭代之前进行检查和判断,如果条件为真,则执行循环体;如果条件为假,则退出循环。

③ 更新表达式:在每次迭代结束后执行,用于更新循环控制变量的值。

④ 循环体代码:循环体中包含需要重复执行的代码。

⑤ 适用情况:for 循环适用于已知循环次数的情况。当知道循环需要执行固定次数时,可以使用 for 循环。for 循环语句整体是一个复合语句,如果循环体代码超过一条则必须用大括号{}。

⑥ 优点:for 循环的语法结构清晰简洁,将循环的初始化、条件和更新表达式放在一起,易于理解和维护。

以下是一个使用 for 循环的例子,它输出从 1 到 20 的数字:

```
for（int i=1；i<=20；i++）{
    printf("%d", i);
}
```

结果输出如下:

1 2 3 4 5 6 7 8 9 10 11 12 13 14 15 16 17 18 19 20

2．while 循环

while 循环是另一种常用的循环结构,其语法形式如下:
while (条件表达式) {
　　// 循环体代码
}
while 循环语句的执行过程如下:
① 条件表达式:在每次迭代之前进行检查,如果条件为真,则执行循环体;如果条件为假,则退出循环。
② 循环体代码:循环体中包含需要重复执行的代码,通常循环体包含更新条件表达式的语句。
③ 适用情况:while 循环适用于在循环开始之前无法确定循环次数的情况。当循环次数由某个条件决定时,可以使用 while 循环。
④ 优点:while 循环的条件表达式灵活,可以在每次迭代之前动态判断是否继续执行循环体,适用于不确定循环次数的场景。
以下是一个使用 while 循环的例子,它输出从 1 到 10 的数字:
int i = 1;
while (i < = 10) {
　　printf("%d", i);
　　i + + ;
}
结果输出如下:
1 2 3 4 5 6 7 8 9 10

3．do-while 循环

do-while 循环是一种先执行循环体,然后再检查条件的循环结构。它的语法形式如下:
do {
　　// 循环体代码
} while (条件表达式);
do-while 循环的执行过程如下:
① 循环体代码:循环体中包含需要重复执行的代码。
② 条件表达式:在每次迭代结束后进行检查,如果条件为真,则继续执行下一次迭代;如果条件为假,则退出循环。
③ 适用情况:do-while 循环适用于至少执行一次循环体的情况,并在每次迭代之后检查条件是否满足。当需要保证循环体至少执行一次时,可以使用 do-while 循环。
④ 优点:do-while 循环保证循环体至少执行一次,然后在条件判断后决定是否继续执行迭代,适用于需要先执行再判断的场景。
以下是一个使用 do-while 循环的例子,它输出从 1 到 10 的数字:

```
int i = 1;
do {
    printf("%d", i);
    i + + ;
} while (i < = 10);
```

结果输出如下：

1 2 3 4 5 6 7 8 9 10

以上这些是 C 语言中常用的循环结构。通过使用这些循环结构，可以轻松地实现重复执行特定任务的逻辑。在选择循环结构时，需要根据具体的需求和循环条件来决定使用哪种结构。如果已知循环次数，且循环次数固定，那么使用 for 循环更加直观。如果循环次数不确定，需要根据条件判断是否继续循环，可以使用 while 循环。而 do-while 循环适用于至少执行一次循环体的情况。

需要注意，在编写循环程序时，要确保循环条件能够终止循环，否则可能导致无限循环，即死循环，造成程序的错误。

4.2 循环程序设计的应用案例

C 语言的循环结构在程序设计中有广泛的应用，下面列举一些常见的应用案例。

1. 遍历数组

使用循环结构可以方便地遍历数组中的每一个元素，对每个元素进行处理或执行特定操作。

```
int array[] = {1, 2, 3, 4, 5};
int length = sizeof(array)/sizeof(array[0]);
for (int i = 0; i < length; i + + ) {
    // 处理数组元素
    printf("%d", array[i]);
}
```

运行结果如下：

1 2 3 4 5

2. 执行计数器控制的任务

循环结构常用于执行需要重复执行固定次数的任务，如生成序列、计算累加和等。

```
int count = 0;
for (int i = 1; i < = 100; i + + ) {
    count + = i;
```

```
    }
    printf("Count：%d\n"，count);
```
运行结果如下：
```
Count：5050
```

3. 用户输入的验证与处理

循环结构可以用于验证用户输入的数据，直到输入符合要求为止。
```
int number；
do {
    printf("Enter a positive number：");
    scanf("%d"，&number);
} while (number <= 0);        // number <= 0 则循环继续
printf("You entered：%d\n"，number);
```
运行结果如下：
```
Enter a positive number：-9
Enter a positive number：-17
Enter a positive number：91
You entered：91
```

4. 菜单选择

循环结构可用于实现菜单选择的功能，让用户重复选择操作直到退出。
```
int choice；
do {
    printf("1. Option 1\n");
    printf("2. Option 2\n");
    printf("3. Exit\n");
    printf("Enter your choice：");
    scanf("%d"，&choice);
    switch (choice) {
        case 1：
            // 执行选项 1 的操作
            break；
        case 2：
            // 执行选项 2 的操作
            break；
        case 3：
            printf("Exiting...\n");
            break；
```

```
        default：
            printf("Invalid choice! Please try again.\n");
    }
} while (choice！=3)；
```
运行结果如下：

1. Option 1

2. Option 2

3. Exit

Enter your choice：1

1. Option 1

2. Option 2

3. Exit

Enter your choice：2

1. Option 1

2. Option 2

3. Exit

Enter your choice：3

Exiting...

5．迭代算法

循环结构经常用于实现迭代算法，例如计算平方根、求阶乘等运算。

```
int factorial=1；
int n；
printf("Enter a positive integer：")；
scanf("%d", &n)；
for (int i=1; i<=n; i++) {
    factorial *=i；
}
printf("%d! = %d\n", n, factorial)；
```
运行结果如下：

Enter a positive integer：10

10! = 3628800

这些是一些常见的应用案例，展示了 C 语言循环结构在不同场景下的灵活性和实用性。通过合理运用循环结构，可以实现各种功能和任务的重复执行和控制。C 语言的循环结构还可以相互嵌套，这种嵌套应用可以用于处理更复杂的问题。

➢ 知识点：迭代算法和递归算法都是常见的解决问题的方法，它们在实现上有一些异同点。

（1）迭代算法（iteration）

迭代算法是通过循环结构实现的一种重复执行某一段代码块的方法。在迭代算法中，使用循环控制结构(如 for、while 等)来反复执行同一段代码,直到满足特定条件为止。迭代算法通常需要明确指定循环的次数或终止条件。

下面是一个迭代算法的例子,计算 1 到 N 之间所有自然数的和。

```c
#include <stdio.h>
int main() {
    int N, sum = 0;
    printf("请输入一个正整数 N:");
    scanf("%d", &N);
    for (int i = 1; i <= N; i++) {
        sum += i;
    }
    printf("1 到 N 之间所有自然数的和为:%d\n", sum);
    return 0;
}
```

(2) 递归算法(recursion)

递归算法是一种通过在函数内部调用自身来解决问题的方法。在递归算法中,问题被分解为更小的子问题,然后通过调用函数自身来解决这些子问题,直到达到基本情况(递归终止条件)。递归算法需要小心处理递归终止条件,否则可能导致无限递归,造成栈溢出等问题。

下面是一个递归算法的例子,计算 N 的阶乘。

```c
#include <stdio.h>
int factorial(int n) {
    if (n == 0 || n == 1) {
        return 1;   // 递归终止条件
    } else {
        return n * factorial(n - 1);   // 递归调用
    }
}
int main() {
    int N;
    printf("请输入一个非负整数 N:");
    scanf("%d", &N);
    int result = factorial(N);
    printf("%d 的阶乘为:%d\n", N, result);
    return 0;
}
```

(3) 异同点总结

① 共同点:迭代算法和递归算法都可以用于解决重复性问题,例如求和、阶乘、斐波那契数列等。它们都通过重复执行某个操作或函数来达到目标。

② 不同点:主要区别在于实现方式和逻辑结构。迭代算法通过循环结构实现,需要明

确指定循环次数或终止条件;而递归算法通过函数自身的调用来解决问题,通常需要递归终
止条件来避免无限递归。

在选择使用迭代算法还是递归算法时,应根据具体问题的特点和要求,考虑算法的效
率、时间复杂度、可读性以及可能带来的栈溢出等问题。

6. 图形的绘制

循环结构的嵌套在程序设计中广泛应用,比如使用嵌套的循环结构可以绘制各种图形,
如矩形、三角形等。

```c
// 绘制一个矩形图案
int rows = 5;
int cols = 8;
for (int i = 0; i < rows; i++) {
    for (int j = 0; j < cols; j++) {
        printf(" * ");
    }
    printf("\n");
}
```

结果输出:

```
* * * * * * * *
* * * * * * * *
* * * * * * * *
* * * * * * * *
* * * * * * * *
```

7. 二维数组的遍历

当处理二维数组时,嵌套的循环结构可以遍历数组中的所有元素,并且把二维数组按照
矩阵格式直观输出。

```c
int matrix[3][3] = {{1, 2, 3}, {4, 5, 6}, {7, 8, 9}};
for (int i = 0; i < 3; i++) {
    for (int j = 0; j < 3; j++) {
        printf("%d", matrix[i][j]);
    }
    printf("\n");
}
```

结果输出:

```
1 2 3
4 5 6
7 8 9
```

8. 输出九九乘法表

九九乘法表是一个常见的循环结构应用范例,使用嵌套的循环结构可以方便地实现九九乘法表的输出。

```
for (int i=1; i<=9; i++) {
    for (int j=1; j<=i; j++) {
        printf("%d * %d = %d\t", j, i, i * j);
    }
    printf("\n");
}
```

结果输出:

```
1*1=1
1*2=2   2*2=4
1*3=3   2*3=6   3*3=9
1*4=4   2*4=8   3*4=12  4*4=16
1*5=5   2*5=10  3*5=15  4*5=20  5*5=25
1*6=6   2*6=12  3*6=18  4*6=24  5*6=30  6*6=36
1*7=7   2*7=14  3*7=21  4*7=28  5*7=35  6*7=42  7*7=49
1*8=8   2*8=16  3*8=24  4*8=32  5*8=40  6*8=48  7*8=56  8*8=64
1*9=9   2*9=18  3*9=27  4*9=36  5*9=45  6*9=54  7*9=63  8*9=72  9*9=81
```

9. 综合应用例子

下面是一个综合运用了 C 语言循环结构和选择结构的例子,该例子模拟了一个简单的学生成绩管理系统,包括录入学生信息、计算总分和平均分,并输出成绩报表。

```
#include <stdio.h>
int main() {
    int numStudents;
    While 1 {
        printf("Enter the number of students:");
        scanf("%d", &numStudents);
        if (numStudents<=0)    // 如果学生人数<=0 则重新输入人数
            Continue;
        else
            break;
    }
    // 定义数组用于存储学生信息和成绩
    int studentIDs[100];
    float scores[100];
    // 录入学生信息和成绩
    for (int i=0; i < numStudents; i++) {
```

```c
        printf("Enter the student ID for student %d:", i+1);
        scanf("%d", &studentIDs[i]);
        printf("Enter the score for student %d:", i+1);
        scanf("%f", &scores[i]);
    }
    float totalScore = 0.0;
    float averageScore;
    // 计算总分
    for (int i=0; i < numStudents; i++) {
        totalScore += scores[i];
    }
    // 计算平均分
    averageScore = totalScore/numStudents;
    // 输出成绩报表
    printf("\n===Score Report===\n");
    printf("Number of students: %d\n", numStudents);
    printf("Total score: %.2f\n", totalScore);
    printf("Average score: %.2f\n", averageScore);
    printf("\nStudent details:\n");
    for (int i=0; i < numStudents; i++) {
        printf("Student ID: %d\tScore: %.2f\n", studentIDs[i], scores[i]);
    }
    return 0;
}
```

运行结果如下：

```
Enter the number of students: 10
Enter the student ID for student 1: 1001
Enter the score for student 1: 78
Enter the student ID for student 2: 1002
Enter the score for student 2: 89
Enter the student ID for student 3: 1003
Enter the score for student 3: 91
Enter the student ID for student 4: 1004
Enter the score for student 4: 77
Enter the student ID for student 5: 1005
Enter the score for student 5: 98
Enter the student ID for student 6: 1006
Enter the score for student 6: 56
Enter the student ID for student 7: 1007
Enter the score for student 7: 93
```

Enter the student ID for student 8：1008

Enter the score for student 8：55

Enter the student ID for student 9：1009

Enter the score for student 9：60

Enter the student ID for student 10：1010

Enter the score for student 10：90

＝＝＝Score Report＝＝＝

Number of students：10

Total score：787.00

Average score：78.70

Student details：

Student ID：1001　　　　　　Score：78.00

Student ID：1002　　　　　　Score：89.00

Student ID：1003　　　　　　Score：91.00

Student ID：1004　　　　　　Score：77.00

Student ID：1005　　　　　　Score：98.00

Student ID：1006　　　　　　Score：56.00

Student ID：1007　　　　　　Score：93.00

Student ID：1008　　　　　　Score：55.00

Student ID：1009　　　　　　Score：60.00

Student ID：1010　　　　　　Score：90.00

在这个例子中,循环结构用于多次录入学生的信息和成绩,计算总分,并遍历输出每个学生的详细信息。选择结构用于获取学生人数,并计算平均分。通过综合应用循环结构和选择结构,可以实现对学生成绩进行管理和统计的功能。

注意事项如下:

① 该例子输入的学生人数要求为有效正整数,所以通过循环语句和选择语句进行输入控制,但是后面的成绩录入没有对输入进行严格的错误处理。在实际应用中,为了程序的鲁棒性,可能需要添加更多的输入验证和错误处理机制。

② 在有一些 C++ 系统(如 Visual Stdio 2022 等)中可以使用 scanf_s() 函数输入数据。

第 5 章　模块化程序设计

5.1　C 语言模块化程序设计的概念

C 语言模块化程序设计是一种将程序划分为模块的方法,每个模块负责完成特定的任务。模块化程序设计有助于提高代码的可读性、可维护性和重用性。下面详细介绍 C 语言模块程序设计的基本概念,并给出一个示例来说明。

1. 函数

函数是模块化程序设计的基本单位。它是一段完成特定任务的代码块,可以接收输入参数并返回结果。函数的定义通常包括函数名、参数列表、返回类型和函数体。

函数的优点包括代码复用、分离关注点和提高代码可读性。通过将程序逻辑划分为多个函数,可以提高代码的模块性和可维护性。

示例:

```c
// 函数原型声明
int add(int a, int b);
// 函数定义
int add(int a, int b) {
    return a + b;
}

int main() {
// 在主函数中调用自定义函数 add()
    int result = add(5, 3);
    printf("Result: %d\n", result);
    return 0;
}
```

2. 头文件

头文件(.h 文件)包含函数的声明和类型定义。通过将函数声明和类型定义放在头文件中,可以在其他源文件中使用这些函数和类型。

头文件中通常包含函数原型声明、结构体定义、常量定义等。

示例：

```
// math.h 头文件
// 函数原型声明
int add(int a，int b)；
int subtract(int a，int b)；
// 常量定义
#define PI 3.14159
```

3. 源文件

源文件(.c 文件)包含函数的定义和实现代码。源文件中定义的函数可以在其他源文件中使用。

源文件中通常包含函数的实现、全局变量定义等。

示例：

```
// math.c 源文件
// 函数定义
int add(int a，int b) {
    return a + b；
}
int subtract(int a，int b) {
    return a － b；
}
```

4. 模块化设计原则

① 单一职责原则：每个模块(函数或文件)应只负责完成一个具体的任务或功能。
② 高内聚低耦合原则：模块内部功能相关，模块之间的依赖关系尽量减少。
③ 信息隐藏原则：模块应封装内部实现细节，只暴露必要的接口给外部使用。

示例：

```
// math.h 头文件
// 函数原型声明
int add(int a，int b)；
// math.c 源文件
// 函数定义
int add(int a，int b) {
    return a + b；
}
```

通过模块化程序设计，可以将复杂的程序拆分为小的、可管理的模块，每个模块负责完成特定的任务。模块之间通过函数调用进行交互，提高了代码的可读性、可维护性和可重用性。同时,模块化程序设计遵循一些原则,如单一职责、高内聚低耦合和信息隐藏原则,以确保模块之间的清晰分离和可扩展性。

5.2　模块化程序设计应用案例

下面是一个综合案例,演示了 C 语言模块化程序设计的应用。该案例实现了一个简单的学生管理系统,包括添加学生、显示学生信息和计算学生平均成绩等功能。

1. main. c 文件

```c
#include <stdio.h>
#include "student.h"
int main() {
    int choice;
    do {
        printf("1. Add Student\n");
        printf("2. Display Students\n");
        printf("3. Calculate Average Score\n");
        printf("4. Exit\n");
        printf("Enter your choice:");
        scanf("%d", &choice);

        switch (choice) {
            case 1:
                addStudent();
                break;
            case 2:
                displayStudents();
                break;
            case 3:
                calculateAverageScore();
                break;
            case 4:
                printf("Exiting...\n");
                break;
            default:
                printf("Invalid choice! Please try again.\n");
        }
```

```
    } while (choice ! = 4);
    return 0;
}
```

2. student. h 文件：

```
#ifndef STUDENT_H
#define STUDENT_H
#define MAX_STUDENTS 100
typedef struct {
    char name[50];
    int age;
    float score;
} Student;

void addStudent();
void displayStudents();
void calculateAverageScore();

#endif
```

3. student. c 文件

```
#include <stdio.h>
#include "student. h"
Student students[MAX_STUDENTS];
int numStudents = 0;
void addStudent() {
    if (numStudents = = MAX_STUDENTS) {
        printf("Maximum number of students reached! \n");
        return;
    }
    Student student;
    printf("Enter student name:");
    scanf("%s", student. name);
    printf("Enter student age:");
    scanf("%d", &student. age);
    printf("Enter student score:");
    scanf("%f", &student. score);
    students[numStudents] = student;
```

```
        numStudents++;
        printf("Student added successfully! \n");
}


void displayStudents() {
    if (numStudents==0) {
        printf("No students to display! \n");
        return;
    }
    printf("\n===Student List===\n");
    for (int i=0; i<numStudents; i++) {
        printf("Name：%s\tAge：%d\tScore：%.2f\n",
                students[i].name, students[i].age, students[i].score);
    }
}


void calculateAverageScore() {
    if (numStudents==0) {
        printf("No students available! \n");
        return;
    }
    float totalScore=0.0;
    float averageScore;
    for (int i=0; i<numStudents; i++) {
        totalScore+=students[i].score;
    }
    averageScore=totalScore/numStudents;
    printf("Average score：%.2f\n", averageScore);
}
```

这个案例中,使用模块化程序设计的思想将功能划分为三个模块:main. c、student. h 和 student. c。main. c 文件包含主函数和用户交互菜单,根据用户选择调用不同的函数。student. h 文件包含结构体定义和函数声明。student. c 文件包含具体的函数实现,包括添加学生、显示学生信息和计算平均成绩等。

通过模块化程序设计,将系统功能划分为独立的模块,提高了代码的可读性和可维护性,并且可以在其他项目中重复使用这些模块。每个模块负责完成特定的任务,通过函数调用进行交互,实现了代码的模块化和解耦。

4. 解耦

在软件开发中,解耦(decoupling)是指减少或消除模块、组件或对象之间的依赖关系。

它的目标是将系统的不同部分彼此解耦,使得修改、维护和扩展系统的某个部分不会对其他部分产生意外的影响。解耦是一种设计原则和实践,旨在提高软件系统的灵活性、可维护性和可重用性。

解耦的含义可以从以下几个方面来理解:

① 降低耦合度:解耦的主要目的是降低软件系统中各组件或模块之间的依赖程度。当各个组件之间松散耦合时,它们的变化不会直接影响其他组件,因此可以更容易地对系统进行修改、重构或扩展。

② 分离关注点:解耦可以将系统的不同功能或关注点分离开来,使每个组件专注于完成特定的任务。这种分离可以提高代码的可读性和可维护性,使得代码更容易理解和修改。

③ 提高模块化:解耦有助于实现良好的模块化设计。模块化是将系统划分为独立的、可组合的模块,每个模块负责特定的功能。通过解耦,模块之间的依赖关系减少,使得模块可以独立开发、测试和维护。

④ 促进重用:解耦可以使得各个组件更容易被重用。当组件之间的依赖关系降低时,可以更方便地将组件从一个系统中提取出来并在其他系统中重用,提高代码的可重用性和开发效率。解耦在软件开发中是一种重要的设计原则,它有助于构建灵活、可维护和可扩展的系统。通过解耦,我们可以将系统分解为更小的、独立的部分,使得每个部分能够独立地进行开发、测试和维护。这样的系统更易于理解、修改和扩展,降低了代码的复杂性和风险。

第6章　指针操作

6.1　指针的基础知识

1. 指针的组成要素

指针是 C 语言中的一个重要概念,它用于存储变量的内存地址。通过指针,可以直接访问和修改内存中的数据,而无需对变量本身进行操作。指针提供了对内存的底层控制,使得 C 语言可以实现高效的数据操作和动态内存分配。

在 C 语言中,指针由以下几个要素组成:

(1) 内存地址

指针存储的是一个变量在内存中的地址,通常以十六进制表示。内存地址是一个唯一的标识符,用于定位变量在计算机内存中的位置。

(2) 取址操作符(&)

取址操作符用于获取变量的地址。通过在变量名前加上 & 符号,可以获取该变量的内存地址。

(3) 解引用操作符(*)

解引用操作符用于访问指针指向的内存位置中存储的值。通过在指针名前加上符号 * ,可以获取指针所指向的内存位置中存储的值。

下面是一个简单的示例来说明指针的概念:

```c
#include <stdio.h>
int main() {
    int num = 10;   // 定义一个整型变量 num,赋值为 10
    int * ptr;      // 定义一个整型指针 ptr
    ptr = &num;     // 将变量 num 的地址赋值给指针 ptr
    printf("num 的值:%d\n", num);      // 输出 num 的值
    printf("ptr 指向的值:%d\n", * ptr);   // 输出 ptr 指向的值
    printf("num 的地址:%p\n", &num);    // 输出 num 的地址
    printf("ptr 的值:%p\n", ptr);      // 输出 ptr 的值
    return 0;
}
```

在上面的示例中,首先定义了一个整型变量 num 并赋值为 10。然后,我们定义了一个

整型指针 ptr。通过将 &num 赋值给 ptr,指针 ptr 指向了变量 num 的地址。

接下来,我们使用解引用操作符 * ptr 来获取指针 ptr 所指向的内存位置中存储的值,即变量 num 的值。我们还可以直接访问变量 num 本身,并输出其值。

最后,通过 &num 和 ptr 分别输出变量 num 的地址和指针 ptr 的值。注意:在 printf( ) 函数中,%p 格式用于输出内存地址。

运行上述代码,输出结果:

num 的值:10

ptr 指向的值:10

num 的地址:0x7ffd7ce4e2ac

ptr 的值:0x7ffd7ce4e2ac

可以看到,变量 num 的值和指针 ptr 指向的值是相同的,即都是 10。而变量 num 的地址和指针 ptr 的值也是相同的,即都是 0x7ffd7ce4e2ac。这验证了指针的概念和使用方法。

2. 指针的运算

在 C 语言中,指针还支持一些运算操作,包括指针的加法、减法、比较等。下面用一些示例来说明指针的运算。

(1) 指针的加法和减法运算

```
#include 〈stdio.h〉
int main( ) {
    int arr[ ] = {10, 20, 30, 40, 50};
    int * ptr = arr;  // 指向数组的第一个元素
    // 指针的加法运算
    printf("ptr 的值:%p\n", ptr);
    ptr = ptr + 1;  // 指针向后移动一个元素的位置
    printf("ptr 加 1 后的值:%p\n", ptr);
    // 指针的减法运算
    ptr = ptr - 1;  // 指针向前移动一个元素的位置
    printf("ptr 减 1 后的值:%p\n", ptr);
    return 0;
}
```

运行结果参考:(内存地址是变化的)

ptr 的值:0000003D473FFA38

ptr 加 1 后的值:0000003D473FFA3C

ptr 减 1 后的值:0000003D473FFA38

在上述示例中,定义了一个整型数组 arr,并用指针 ptr 指向数组的第一个元素。然后进行了指针的加法和减法运算。

通过 ptr = ptr + 1,指针向后移动一个元素的位置。因为指针指向整型数组,所以一个元素的大小为 sizeof(int),即 4 个字节(在大多数系统上)。最后通过 printf( ) 函数输出指针 ptr 加 1 后的值。

通过 ptr=ptr-1,指针向前移动一个元素的位置,即回到原来的位置。同样的,我们通过 printf()函数输出指针 ptr-1 后的值。

(2) 指针的比较运算

```c
#include <stdio.h>
int main() {
    int arr[] = {10, 20, 30, 40, 50};
    int * ptr1 = arr;
    int * ptr2 = &arr[3];
    // 指针的比较运算
    if (ptr1 < ptr2) {
        printf("ptr1 指向的元素在 ptr2 之前\n");
    } else if (ptr1 > ptr2) {
        printf("ptr1 指向的元素在 ptr2 之后\n");
    } else {
        printf("ptr1 和 ptr2 指向同一个元素\n");
    }
    return 0;
}
```

运行结果:

ptr1 指向的元素在 ptr2 之前

在上述示例中,定义了一个整型数组 arr,并使用指针 ptr1 指向数组的第一个元素,使用指针 ptr2 指向数组的第四个元素(即 arr[3])。

然后,进行了指针的比较运算。通过比较 ptr1 和 ptr2 的大小关系,可以判断它们所指向的元素在数组中的位置关系。根据比较结果输出相应的信息。

以上示例展示了指针在 C 语言中的运算特性,包括加法、减法和比较。指针的运算操作使得我们可以在数组、字符串、动态内存分配等场景中更加灵活地访问和操作数据。

6.2 指针应用案例

当涉及内存管理、数据结构和函数传递时,C 语言指针有很多实际应用。以下是一些常见的应用案例。

1. 动态内存分配和释放

通过使用指针和内存分配函数(如 malloc、calloc 和 realloc),可以在运行时动态地分配和释放内存。这对于处理不确定大小的数据结构(如动态数组、链表和树)非常有用。

```c
#include <stdio.h>
#include <stdlib.h>
```

```
int main() {
    int size;
    int * arr;
    printf("请输入数组大小:");
    scanf("%d", &size);
    arr = (int * )malloc(size * sizeof(int));   // 动态分配内存
    if (arr = = NULL) {
        printf("内存分配失败\n");
        return 1;
    }
    // 使用动态分配的内存
    for (int i = 0; i < size; i + +) {
        arr[i] = i + 1;
    }
    // 输出数组元素
    for (int i = 0; i < size; i + +) {
        printf("%d", arr[i]);
    }
    free(arr);   // 释放内存
    return 0;
}
```

运行结果：

请输入数组大小:10

1 2 3 4 5 6 7 8 9 10

2. 字符串操作

在 C 语言中,字符串是以字符数组的形式表示的,通过使用指针可以方便地对字符串进行操作,如复制、连接和比较等。

```
# include 〈stdio. h〉
int main() {
    char str1[] = "Hello";
    char str2[20];
    char str3[20] = " World";
    char * ptr;
    // 复制字符串
    ptr = str1;
    char * ptr2 = str2;
    while ( * ptr ! = '\0') {
        * ptr2 = * ptr;
```

```
        ptr + + ;
        ptr2 + + ;
    }
    * ptr2 = '\0' ;
    printf("复制后的字符串:%s\n"，str2);
    // 连接字符串
    ptr = str3;
    while ( * ptr ! = '\0') {
        ptr + + ;
    }
    ptr2 = str1;    // 重新指向 str1 的开头
    while ( * ptr2 ! = '\0') {
        * ptr = * ptr2;
        ptr + + ;
        ptr2 + + ;
    }
    * ptr = '\0' ;

    printf("连接后的字符串:%s\n"，str3);
    // 比较字符串
    int result = 0;
    ptr = str1;
    ptr2 = str3;
    while ( * ptr ! = '\0' && * ptr2 ! = '\0') {
        if ( * ptr ! = * ptr2) {
            result = 1;
            break;
        }
        ptr + + ;
        ptr2 + + ;
    }
    if (result = = 0 && * ptr = = '\0' && * ptr2 = = '\0') {
        printf("字符串相等\n");
    } else {
        printf("字符串不相等\n");
    }
    return 0;
}
```

运行结果:

复制后的字符串:Hello

连接后的字符串：WorldHello

字符串不相等

3. 数据结构的操作

使用指针可以方便地操作和管理各种数据结构，如链表、树和图。通过指针可以链接节点、遍历和搜索数据结构。

```c
#include <stdio.h>
#include <stdlib.h>
// 链表节点
typedef struct Node {
    int data;
    struct Node * next;
} Node;
// 在链表头部插入节点
void insert(Node * * head, int data) {
    Node * newNode = (Node * )malloc(sizeof(Node));
    newNode->data = data;
    newNode->next = * head;
    * head = newNode;
}
// 打印链表
void printList(Node * head) {
    Node * current = head;
    while (current != NULL) {
        printf("%d", current->data);
        current = current->next;
    }
    printf("\n");
}
int main() {
    Node * head = NULL;
    // 插入节点
    insert(&head, 10);
    insert(&head, 20);
    insert(&head, 30);
    // 打印链表
    printList(head);
    return 0;
}
```

运行结果：

30 20 10

4. 函数传递和返回

指针常用于函数之间传递数据和修改参数值。通过传递指针作为函数参数，可以在函数内部修改原始变量的值。

```c
#include <stdio.h>
// 交换两个整数的值
void swap(int * a, int * b) {
    int temp = * a;
    * a = * b;
    * b = temp;
}
int main() {
    int num1 = 10;
    int num2 = 20;
    printf("交换前的值:num1 = %d, num2 = %d\n", num1, num2);
    swap(&num1, &num2);
    printf("交换后的值:num1 = %d, num2 = %d\n", num1, num2);
    return 0;
}
```

运行结果：

交换前的值:num1 = 10，num2 = 20

交换后的值:num1 = 20，num2 = 10

这些例子展示了 C 语言指针的一些实际应用。指针在 C 语言中具有很高的灵活性和底层控制能力，可以用于解决各种编程问题，如内存管理、数据结构和函数参数传递等。

第 7 章 数 组 操 作

7.1 数组的基础知识

在 C 语言中,数组是一种用于存储多个相同类型的元素的数据结构。它提供了一种连续存储数据的方式,并通过索引(下标)来访问和操作元素。数组在 C 语言中被广泛使用,是一种简单且高效的数据结构。

以下是 C 语言数组的一些重要概念:

① 元素类型:数组中的元素类型指定了数组中每个元素的数据类型。可以是基本类型(如整型、浮点型、字符型)或自定义类型(如结构体、枚举等)。

② 大小:数组的大小指定了数组中可以存储的元素数量。在 C 语言中,数组的大小必须是一个常量表达式,即在编译时就确定,不能在运行时改变。

③ 数组名:数组名是一个标识符,用于表示整个数组。数组名也可以被视为指向数组首元素的指针。

④ 索引:数组的元素通过索引进行访问。数组索引从 0 开始,依次递增。可以使用数组名和索引来访问特定位置的元素。

数组的定义语法如下:

data_type array_name[size];

其中:

data_type 表示数组中元素的数据类型,如 int、char、float 等。

array_name 是数组的名称,它是一个标识符,用于在代码中引用整个数组。

size 是数组的大小,表示数组中可以容纳的元素数量,必须是一个正整数常量。

以下是几个示例数组定义:

int numbers[5];   // 定义一个包含 5 个整数元素的整型数组

char characters[10];   // 定义一个包含 10 个字符元素的字符数组

float grades[3];   // 定义一个包含 3 个浮点数元素的浮点型数组

在定义数组时,可以初始化数组元素的值。初始化的方式有多种,如下所示:

int numbers[5] = {1, 2, 3, 4, 5};   // 初始化整型数组

char characters[5] = {'H', 'e', 'l', 'l', 'o'}; // 初始化字符数组

float grades[3] = {98.5, 89.2, 75.0};   // 初始化浮点型数组

在初始化数组时,如果没有提供足够的初值,那么未被初始化的元素将自动被设置为零(对于数值类型)或空字符 '\0'(对于字符数组)。例如:

int numbers[5] = {1, 2};   // numbers 数组的前两个元素为 1 和 2,其余元素自动设

置为 0

    char characters[10] = {'H', 'e', 'l', 'l', 'o'}；   // 字符数组的后续元素被自动设置为'\0'

    下面是一个示例来说明 C 语言数组的使用。

```
#include <stdio.h>
int main() {
    int numbers[5];   // 声明一个整型数组,大小为 5
    // 赋值操作
    numbers[0] = 10;
    numbers[1] = 20;
    numbers[2] = 30;
    numbers[3] = 40;
    numbers[4] = 50;
    // 访问元素并输出
    printf("numbers[0]: %d\n", numbers[0]);
    printf("numbers[2]: %d\n", numbers[2]);
    printf("numbers[4]: %d\n", numbers[4]);
    // 修改元素的值
    numbers[1] = 200;
    // 输出修改后的值
    printf("numbers[1]: %d\n", numbers[1]);
    return 0;
}
```

    在上述示例中,声明了一个长度为 5 的整型数组 numbers。通过使用下标和数组名,可以对数组的元素进行赋值和访问。

    在赋值操作中,为数组的每个元素分别赋值。数组的第一个元素索引为 0,即数组元素的下标是从 0 开始的,因此使用 numbers[0]表示第一个元素,并将其赋值为 10。依次类推为其他元素赋予不同的值。

    接下来,通过下标和数组名,使用 printf()函数输出特定位置的元素值。例如,numbers[0]表示数组的第一个元素,即 10。

    还可以修改数组的元素值。在示例中将 numbers[1]的值修改为 200。再次输出该元素的值,可以看到它已经被修改。

    运行上述代码,输出结果是:

numbers[0]: 10

numbers[2]: 30

numbers[4]: 50

numbers[1]: 200

    这个示例展示了 C 语言数组的概念和使用方法。通过索引和数组名可以访问和修改数组中的元素,实现对数据的存储和操作。

7.2　数组的应用案例

当涉及处理大量相同类型的数据时,数组是一种非常有用的数据结构。以下是一些 C 语言数组的应用案例,以说明它们的实际用途。

1. 存储学生成绩

可以使用数组来存储学生的成绩。每个学生的成绩可以使用数组的一个元素来表示,这样可以轻松地对成绩进行排序、计算平均值等操作。

```
float grades[10];  // 存储 10 个学生的成绩
grades[0] = 87.5;  // 初始化成绩
grades[1] = 92.0;
  ...
grades[9] = 91.0;
//
```

2. 温度转换

假设需要将一系列摄氏温度转换为华氏温度,可以使用数组存储摄氏温度值,并使用 for 循环语句遍历数组进行转换。

```
float celsius_temperatures[5];  // 存储 5 个摄氏温度值
float fahrenheit_temperatures[5];  // 存储 5 个华氏温度值
for (int i = 0; i < 5; i++) {
    printf("请输入第 %d 个摄氏温度:", i+1);  // 输入摄氏温度
    scanf("%f", &celsius_temperatures[i]);
    fahrenheit_temperatures[i] = (celsius_temperatures[i] * 9/5) + 32;  // 转换为华氏温度
}
for (int i = 0; i < 5; i++) {
    printf("摄氏度 %.2f 对应的华氏度为:%.2f\n", celsius_temperatures[i], fahrenheit_temperatures[i]);  // 输出转换后的华氏温度
}
```

运行结果:
请输入第 1 个摄氏温度:50
请输入第 2 个摄氏温度:56
请输入第 3 个摄氏温度:78

请输入第 4 个摄氏温度:19
请输入第 5 个摄氏温度:22
摄氏度 50.00 对应的华氏度为:122.00
摄氏度 56.00 对应的华氏度为:132.80
摄氏度 78.00 对应的华氏度为:172.40
摄氏度 19.00 对应的华氏度为:66.20
摄氏度 22.00 对应的华氏度为:71.60

3. 存储字符串

数组也可以用于存储字符串。每个字符可以使用数组的一个元素来表示,可以对字符串进行遍历、比较和操作。

```c
char message[20];   // 存储一个长度为 20 的字符串
// 输入字符串
printf("请输入一个字符串:");
scanf("%s", message);
// 输出字符串长度
int length = 0;
for (int i = 0; message[i] ! = '\0'; i + +) {
    length + + ;
}
printf("字符串长度为:%d\n", length);
// 输出字符串逆序
printf("逆序字符串为:");
for (int i = length - 1; i > = 0; i - -) {
    printf("%c", message[i]);
}
printf("\n");
```

运行结果:
请输入一个字符串:Shandongqingdao
字符串长度为:15
逆序字符串为:oadgniqgnodnahS

这些只是 C 语言中数组的一些简单应用案例。实际上,数组在许多计算机程序中都起着重要的作用,包括数据结构、算法、图像处理、音频处理等。

4. 统计学生成绩

```c
#include <stdio.h>
#define NUM_STUDENTS 5
```

```c
int main() {
    float grades[NUM_STUDENTS];   // 存储学生的成绩
    float sum = 0.0, average;
    float max_grade = 0.0, min_grade = 100.0;
    // 输入学生的成绩
    for (int i = 0; i < NUM_STUDENTS; i++) {
        printf("请输入学生 %d 的成绩:", i + 1);
        scanf("%f", &grades[i]);
        // 更新最高分和最低分
        if (grades[i] > max_grade) {
            max_grade = grades[i];
        }
        if (grades[i] < min_grade) {
            min_grade = grades[i];
        }
        // 累加成绩
        sum += grades[i];
    }
    // 计算平均成绩
    average = sum / NUM_STUDENTS;
    // 输出成绩统计信息
    printf("成绩统计信息:\n");
    printf("最高分:%.2f\n", max_grade);
    printf("最低分:%.2f\n", min_grade);
    printf("平均分:%.2f\n", average);
    return 0;
}
```

运行结果：

请输入学生 1 的成绩:91

请输入学生 2 的成绩:98

请输入学生 3 的成绩:88

请输入学生 4 的成绩:78

请输入学生 5 的成绩:67

成绩统计信息：

最高分:98.00

最低分:67.00

平均分:84.40

在上面的示例中,首先定义了一个包含 5 个学生成绩的数组 grades。然后使用循环语句输入每个学生的成绩,并在输入过程中同时更新最高分 max_grade、最低分 min_grade 和成绩总和 sum。接下来,通过将总和除以学生人数,计算平均成绩 average。最后输出最高分、最低分和平均分的统计信息。

这个例子展示了如何使用数组进行数据收集、计算和统计操作。它可以轻松应用到处理更多学生成绩工作中,或者添加其他功能,如对成绩进行排序、查找特定成绩等操作。

第8章　字符串操作

8.1　字符串操作的基础知识

在 C 语言中,字符串是由字符组成的数组。字符串操作是对字符串进行处理和操作的一系列操作。以下是 C 语言字符串操作的基础知识和示例说明。

1. 字符串的声明和初始化

在 C 语言中,字符串可以用字符数组表示,以 null 字符('\0')结尾。可以通过以下方式进行声明和初始化:

```
char str1[10];                        // 声明一个大小为 10 的字符数组
char str2[] = "Hello";                // 声明并初始化一个字符串
char str3[5] = { 'H', 'e', 'l', 'l', 'o' };  // 声明并初始化字符数组
```

2. 字符串的输入和输出

可以使用 scanf()函数输入字符串,使用 printf()函数输出字符串。

```
char str[20];
printf("请输入字符串:");
scanf("%s", str);
printf("输入的字符串是:%s\n", str);
```

运行结果:

```
请输入字符串:abcdefghi
输入的字符串是:abcdefghi
```

注意:

在不同的平台中学习 C 语言存在细微的差异。如上述代码在 Visual Studio 2022 中,则需要进行修改,因为 scanf()函数报错或出现警告,处理办法如下:

① 使用 scanf_s()代替 scanf()。

```
char str[20];
printf("请输入字符串:");
scanf_s("%s", str,20);                        // 需要加上字符数组最大长度参数
printf("输入的字符串是:%s\n", str);
```

② 仍然使用 scanf()，但是在文件第一行添加 ♯ define _CRT_SECURE_NO_WARN-INGS。

3. 字符串的复制

使用标准库函数 strcpy()可以将一个字符串复制到另一个字符串。

```
♯ include ⟨string. h⟩
char src[] = "Hello";
char dest[10];
strcpy(dest，src);
printf("复制后的字符串是：%s\n"，dest);   // 输出：Hello
```

4. 字符串的连接

使用标准库函数 strcat()可以将一个字符串连接到另一个字符串的末尾。

```
♯ include ⟨string. h⟩
char str1[20] = "Hello";
char str2[] = " World";
strcat(str1，str2);
printf("连接后的字符串是：%s\n"，str1);   // 输出：Hello World
```

5. 字符串的比较

使用标准库函数 strcmp()可以比较两个字符串是否相等。如果相等，返回 0；如果不相等，返回非 0 值。

```
♯ include ⟨string. h⟩
char str1[] = "Hello";
char str2[] = "World";
if (strcmp(str1，str2) = = 0) {
    printf("字符串相等\n");
} else {
    printf("字符串不相等\n");
}
```

6. 字符串的长度

使用标准库函数 strlen()可以计算一个字符串的长度（不包括 null 字符）。

```
♯ include ⟨string. h⟩
char str[] = "Hello";
int length = strlen(str);
```

```
printf("字符串的长度是:%d\n", length);  // 输出:5
```

7. 字符串的难点和注意事项

（1）字符串的长度限制

在声明字符数组时,需要注意数组的大小要足够容纳字符串及结尾的 null 字符,避免溢出现象。

（2）字符串输入的安全性

使用 scanf()函数输入字符串时,应注意输入的长度不超过字符数组的大小,避免缓冲区溢出。

（3）字符串的修改

C 语言中的字符串是不可变的,即不能直接修改一个已经赋值的字符串,只能通过复制、连接等方式得到修改后的新字符串。

8.2 字符串的应用案例

C 语言字符串在实际应用中有许多精彩的应用,以下是一些常见的应用场景。

（1）文本处理

C 语言字符串在文本处理方面具有广泛的应用。例如,可以使用字符串操作函数来搜索、替换、分割和格式化文本数据。

（2）数据解析

当需要解析和处理特定格式的数据时,字符串操作非常有用。例如,解析 CSV(逗号分隔值)文件或 JSON(JavaScript 对象表示法)数据时,字符串操作可以帮助提取和处理所需的数据。

（3）加密和哈希算法

许多加密和哈希算法(如 MD5、SHA 等)需要处理二进制数据,但它们通常接受和返回字符串形式的数据。在这种情况下,字符串操作函数用于处理加密和哈希操作。

（4）网络编程

在网络编程中,字符串经常用于处理和传输数据。例如,在构建基于套接字的服务器和客户端应用程序时,字符串操作用于解析和处理接收的消息。

（5）文字游戏和拼字游戏

字符串操作在文字游戏和拼字游戏中扮演重要角色。例如,验证单词的拼写、生成单词的变位词或计算单词的得分等都需要字符串操作。

（6）日志记录

在日志记录系统中,字符串操作用于格式化和处理日志消息。例如,将变量的值转换为字符串并将其与其他文本组合以生成完整的日志消息。

（7）搜索和排序

字符串操作可以用于搜索和排序算法中。例如,在一个字符串数组中查找特定的字符串或按字母顺序对字符串进行排序。

下面是一些 C 语言字符串的实际应用例子。

1. 文本处理和分析

C 语言字符串操作在文本处理和分析方面非常有用。例如,可以使用字符串函数将文本文件中的内容分割为单词,统计单词出现次数,或者查找特定模式的字符串。

```c
#include <stdio.h>
#include <string.h>
int main() {
    char sentence[] = "The quick brown fox jumps over the lazy dog";
    char * word = strtok(sentence, "");  // 分割字符串为单词
    while (word ! = NULL) {
        printf("%s\n", word);  // 输出每个单词
        word = strtok(NULL, "");  // 继续获取下一个单词
    }
    return 0;
}
```

运行结果:

The

quick

brown

fox

jumps

over

the

lazy

dog

2. 字符串加密和解密

字符串操作函数可以用于字符串加密和解密算法。例如,使用简单的恺撒密码进行字符位移。

```c
#include <stdio.h>
#include <string.h>
void caesarEncrypt(char * str, int shift) {
    int length = strlen(str);
    for (int i = 0; i < length; i++) {
        if (str[i] >= 'a' && str[i] <= 'z') {
            str[i] = ((str[i] - 'a') + shift) % 26 + 'a';  // 字母位移加密
```

```
        } else if (str[i] >= 'A'&& str[i] <= 'Z') {
            str[i] = ((str[i] - 'A') + shift) % 26 + 'A';
        }
    }
}
int main() {
    char message[] = "Hello，World!";
    int shift = 3;
    caesarEncrypt(message, shift);
    printf("加密后的字符串:%s\n", message);   // 输出:Khoor，Zruog!
    return 0;
}
```

运行结果:

加密后的字符串:Khoor，Zruog!

3. 字符串拼接和格式化

字符串操作函数可以用于字符串的拼接和格式化。例如,将多个字符串连接成一个字符串,或者将变量值格式化为字符串。

```
#include <stdio.h>
#include <string.h>
int main() {
    char str1[20] = "Hello";
    char str2[] = " World";
    strcat(str1, str2);   // 字符串拼接
    printf("%s\n", str1);   // 输出:Hello World
    int num = 42;
    char result[50];
    sprintf(result,"The answer is %d", num);   // 格式化为字符串
    printf("%s\n", result);   // 输出:The answer is 42
    return 0;
}
```

运行结果:

Hello World
The answer is 42

4. 字符串搜索和替换

字符串操作函数可以用于搜索字符串中的子字符串并进行替换。例如,查找并替换字符串中的特定单词。

```c
#include <stdio.h>
#include <string.h>
int main() {
    char sentence[] = "The quick brown fox jumps over the lazy dog";
    char word[] = "fox";
    char replacement[] = "cat";
    char * found = strstr(sentence, word);
    if (found != NULL) {
        strncpy(found, replacement, strlen(replacement));   // 替换字符串
    }
    printf("%s\n", sentence);   // 输出：The quick brown cat jumps over the lazy dog
    return 0;
}
```

运行结果：

The quick brown cat jumps over the lazy dog

上面 4 个例子展示了 C 语言字符串操作函数的精彩应用。字符串操作函数能够用于处理文本、加密和解密、拼接和格式化字符串等，字符串操作为各种实际应用提供了强大的工具。

第 9 章　结构体操作

9.1　结构体的知识要点

C 语言结构体(structure)是一种用户自定义的数据类型,可以包含多个不同类型的数据成员。以下是 C 语言结构体的知识要点和难点。

1. 结构体

(1) 结构体的声明
通过 struct 关键字来声明结构体,指定结构体的名称和成员变量。

```
struct Person {
    char name[20];
    int age;
};
```

(2) 结构体的定义和初始化
定义结构体变量时,可以通过大括号初始化结构体的成员变量。

```
struct Person p1 = {"Alice", 25};
struct Person p2 = {.name = "Bob", .age = 30};   // 使用指定的成员初始化
```

(3) 结构体成员的访问
使用点运算符(.)访问结构体的成员变量。

```
printf("Name：%s\n", p1.name);
printf("Age：%d\n", p1.age);
```

(4) 结构体作为函数参数
可以将结构体作为参数传递给函数,通过传址或传值的方式进行操作。

```
void printPerson(struct Person p) {
    printf("Name：%s\n", p.name);
    printf("Age：%d\n", p.age);
}
```

(5) 结构体嵌套
结构体可以包含其他结构体作为成员变量,形成嵌套的数据结构。

```
struct Date {          // 定义结构体 Date
    int day;
```

```
        int month;
        int year;
    };
struct Student {      // 定义结构体 Student
        char name[20];
        int age;
        struct Date birthDate;       // 使用结构体类型 Date 定义变量(成员)
    };
```

2. 难点

(1) 结构体的内存对齐

结构体内存对齐是指为了提高数据访问效率,编译器会在结构体成员变量之间插入一些字节对齐。对于不同的编译器和平台,内存对齐的规则可能会有所不同。

(2) 结构体指针的使用

通过结构体指针可以方便地操作结构体的成员变量。但需要注意在使用结构体指针时,要确保指针指向有效的结构体对象。

当涉及数据结构和动态内存分配时,结构指针非常有用。下面是一个简单的例子来演示如何使用结构指针进行动态创建和操作一个学生信息的数据结构:

```c
#include <stdio.h>
#include <stdlib.h>
// 定义学生信息结构
struct Student {
        char name[50];
        int age;
        float gpa;
    };

int main() {
        // 动态分配一个学生结构体的内存空间,并返回指向该内存的指针
        struct Student * student_ptr = (struct Student * )malloc(sizeof(struct Student));
        if (student_ptr == NULL) {
                printf("内存分配失败! \n");
                return 1;
        }
        // 输入学生信息
        printf("请输入学生姓名:");
        scanf("%s", student_ptr->name);
        printf("请输入学生年龄:");
        scanf("%d", &student_ptr->age);
```

```
        printf("请输入学生 GPA：");
        scanf("%f", &student_ptr->gpa);
        // 输出学生信息
        printf("\n 学生信息:\n");
        printf("姓名：%s\n", student_ptr->name);     // 结构体指针的访问
        printf("年龄：%d\n", student_ptr->age);
        printf("GPA：%.2f\n", student_ptr->gpa);
        // 释放动态分配的内存
        free(student_ptr);

        return 0;
}
```

运行结果：

请输入学生姓名：王红

请输入学生年龄：23

请输入学生 GPA：0.9

学生信息：

姓名：王红

年龄：23

GPA：0.90

这个示例展示了 C 语言结构体的基本知识要点和难点。通过定义和初始化结构体变量，访问结构体成员变量，以及将结构体作为函数参数传递，可以对结构体进行操作和处理。结构体的嵌套和内存对齐是进一步扩展和理解结构体的重要概念。

9.2 结构体的应用案例

结构体在 C 语言中有许多精彩的应用案例，以下是一些例子。

1. 图书管理系统

结构体可以用于创建图书的数据结构，包括书名、作者、出版日期等信息。通过结构体数组或链表，可以管理和检索图书的信息。

```
#include <stdio.h>
struct Book {
    char title[50];
    char author[50];
    int publicationYear;
};
```

```
void displayBook(struct Book book) {
    printf("Title：%s\n", book.title);
    printf("Author：%s\n", book.author);
    printf("Publication Year：%d\n", book.publicationYear);
    printf("\n");
}
int main() {
    struct Book books[3] = {
        {"The Great Gatsby","F. Scott Fitzgerald", 1925},
        {"To Kill a Mockingbird","Harper Lee", 1960},
        {"1984","George Orwell", 1949}
    };
    for (int i=0; i < 3; i++) {
        printf("Book %d:\n", i+1);
        displayBook(books[i]);
    }
    return 0;
}
```

运行结果：
Book 1：
Title：The Great Gatsby
Author：F. Scott Fitzgerald
Publication Year：1925
Book 2：
Title：To Kill a Mockingbird
Author：Harper Lee
Publication Year：1960
Book 3：
Title：1984
Author：George Orwell
Publication Year：1949

2. 员工管理系统

结构体可以用于表示员工的信息，包括姓名、工号、职位等。通过结构体数组或链表，可以管理和操作多个员工的信息。

```
#include <stdio.h>
struct Employee {
    char name[50];
    int employeeId;
```

```
        char position[50];
};
void displayEmployee(struct Employee employee) {
    printf("Name：%s\n", employee.name);
    printf("Employee ID：%d\n", employee.employeeId);
    printf("Position：%s\n", employee.position);
    printf("\n");
}
int main() {
    struct Employee employees[3] = {
        {"Alice", 1001, "Manager"},
        {"Bob", 1002, "Engineer"},
        {"Carol", 1003, "Salesperson"}
    };
    for (int i = 0; i < 3; i++) {
        printf("Employee %d：\n", i + 1);
        displayEmployee(employees[i]);
    }
    return 0;
}
```

运行结果：

Employee 1：

Name：Alice

Employee ID：1001

Position：Manager

Employee 2：

Name：Bob

Employee ID：1002

Position：Engineer

Employee 3：

Name：Carol

Employee ID：1003

Position：Salesperson

3. 师生信息管理

假设要管理学生和教师的数据库，每个数据库都有自己的结构体数组，然后我们通过结构指针来实现对学生和教师信息的操作。

```
#include <stdio.h>
#include <stdlib.h>
```

```c
#include <string.h>
// 定义学生信息结构
struct Student {
    char name[50];
    int age;
    float gpa;
};
// 定义教师信息结构
struct Teacher {
    char name[50];
    int age;
    char subject[50];
};
// 添加学生信息到数据库
void addStudent(struct Student * database, int index) {
    printf("请输入第 %d 个学生的姓名:", index + 1);
    scanf("%s", database[index].name);
    printf("请输入第 %d 个学生的年龄:", index + 1);
    scanf("%d", &database[index].age);
    printf("请输入第 %d 个学生的 GPA:", index + 1);
    scanf("%f", &database[index].gpa);
    printf("\n");
}
// 添加教师信息到数据库
void addTeacher(struct Teacher * database, int index) {
    printf("请输入第 %d 个教师的姓名:", index + 1);
    scanf("%s", database[index].name);
    printf("请输入第 %d 个教师的年龄:", index + 1);
    scanf("%d", &database[index].age);
    printf("请输入第 %d 个教师的科目:", index + 1);
    scanf("%s", database[index].subject);
    printf("\n");
}
// 显示学生信息
void displayStudent(struct Student * student) {
    printf("姓名: %s\n", student->name);
    printf("年龄: %d\n", student->age);
    printf("GPA: %.2f\n", student->gpa);
    printf("\n");
}
```

```
// 显示教师信息
void displayTeacher(struct Teacher * teacher) {
    printf("姓名：%s\n", teacher->name);
    printf("年龄：%d\n", teacher->age);
    printf("科目：%s\n", teacher->subject);
    printf("\n");
}
int main() {
    int num_students, num_teachers;
    printf("请输入学生人数:");
    scanf("%d", &num_students);
    printf("请输入教师人数:");
    scanf("%d", &num_teachers);
    // 动态分配学生数据库内存空间
    struct Student * studentDatabase = (struct Student * )malloc(num_students * sizeof(struct Student));
        if (studentDatabase == NULL) {
            printf("内存分配失败！\n");
            return 1;
        }
    // 动态分配教师数据库内存空间
    struct Teacher * teacherDatabase = (struct Teacher * )malloc(num_teachers * sizeof(struct Teacher));
        if (teacherDatabase == NULL) {
            printf("内存分配失败！\n");
            free(studentDatabase);  // 释放学生数据库内存
            return 1;
        }
    // 输入每个学生信息
    printf("输入学生信息:\n");
    for (int i = 0; i < num_students; i++) {
        addStudent(studentDatabase, i);
    }
    // 输入每个教师信息
    printf("输入教师信息:\n");
    for (int i = 0; i < num_teachers; i++) {
        addTeacher(teacherDatabase, i);
    }
    // 显示每个学生信息
    printf("学生数据库信息:\n");
```

```
    for (int i＝0；i ＜ num_students；i＋＋) {
        printf("第 %d 个学生信息:\n", i＋1);
        displayStudent(&studentDatabase[i]);
    }
    // 显示每个教师信息
    printf("教师数据库信息:\n");
    for (int i＝0；i ＜ num_teachers；i＋＋) {
        printf("第 %d 个教师信息:\n", i＋1);
        displayTeacher(&teacherDatabase[i]);
    }

    // 释放动态分配的内存
    free(studentDatabase);
    free(teacherDatabase);
    return 0;
}
```

运行结果：
请输入学生人数：6
请输入教师人数：2
输入学生信息：
请输入第 1 个学生的姓名：王红
请输入第 1 个学生的年龄：18
请输入第 1 个学生的 GPA：3.1
请输入第 2 个学生的姓名：刘芳
请输入第 2 个学生的年龄：19
请输入第 2 个学生的 GPA：3.2
请输入第 3 个学生的姓名：张红芳
请输入第 3 个学生的年龄：20
请输入第 3 个学生的 GPA：3.3
请输入第 4 个学生的姓名：吴军
请输入第 4 个学生的年龄：18
请输入第 4 个学生的 GPA：2.9
请输入第 5 个学生的姓名：叶子龙
请输入第 5 个学生的年龄：21
请输入第 5 个学生的 GPA：3.0
请输入第 6 个学生的姓名：徐俊
请输入第 6 个学生的年龄：19
请输入第 6 个学生的 GPA：3.2
输入教师信息：
请输入第 1 个教师的姓名：刘老师

　　请输入第 1 个教师的年龄：33
　　请输入第 1 个教师的科目：语文
　　请输入第 2 个教师的姓名：赵老师
　　请输入第 2 个教师的年龄：50
　　请输入第 2 个教师的科目：数学
　　学生数据库信息：
　　第 1 个学生信息：
　　姓名：王红
　　年龄：18
　　GPA：3.10
　　第 2 个学生信息：
　　姓名：刘芳
　　年龄：19
　　GPA：3.20
　　第 3 个学生信息：
　　姓名：张红芳
　　年龄：20
　　GPA：3.30
　　第 4 个学生信息：
　　姓名：吴军
　　年龄：18
　　GPA：2.90
　　第 5 个学生信息：
　　姓名：叶子龙
　　年龄：21
　　GPA：3.00
　　第 6 个学生信息：
　　姓名：徐俊
　　年龄：19
　　GPA：3.20
　　教师数据库信息：
　　第 1 个教师信息：
　　姓名：刘老师
　　年龄：33
　　科目：语文
　　第 2 个教师信息：
　　姓名：赵老师
　　年龄：50
　　科目：数学
在上面这个例子中，定义了两个结构体 Student 和 Teacher，分别表示学生和教师的信息。使用两个不同的数组来存储学生和教师的信息,并通过结构指针对它们进行操作。首先输入学生和教师的数量,然后动态分配内存来存储它们的信息。

通过 addStudent()和 addTeacher()函数,可以添加学生和教师的信息到数据库中。然后,使用 displayStudent()和 displayTeacher()函数分别显示学生和教师的信息。

最后,在 main()函数中分别显示学生数据库和教师数据库的所有信息,并在结束时释放动态分配的内存。这样就实现了一个综合性的应用案例,展示了如何同时使用两个结构体数组和结构指针来管理学生和教师的数据库。

第 10 章　文　件　操　作

10.1　文件操作的基础知识与要点

C 语言文件操作是对文件进行读取和写入的一系列操作。以下是 C 语言文件操作的基础知识和要点。

1. 文件指针

C 语言使用文件指针(file pointer)来访问文件。通过文件指针,可以在文件中进行读取和写入操作。

```
#include〈stdio.h〉
int main() {
    FILE * filePointer;   // 文件指针的声明
    filePointer = fopen("example.txt","r");   // 打开文件
    // 读取或写入操作
    fclose(filePointer);   // 关闭文件
    return 0;
}
```

2. 文件的打开和关闭

使用 fopen()函数打开文件,使用 fclose()函数关闭文件。打开文件时,需要指定文件名和访问模式(如读取模式、写入模式等)。

```
FILE * filePointer;
filePointer = fopen("example.txt","r");   // 打开名为 example.txt 的文件,以读取模式打开
// 文件操作
fclose(filePointer);   // 关闭文件
```

3. 文件的读取和写入

使用 fread()函数进行文件的读取操作,使用 fwrite()函数进行文件的写入操作。这些

函数通过文件指针来指定要读取或写入的文件。

```
FILE * filePointer;
filePointer = fopen("example.txt","r");   // 以读取模式打开文件
char buffer[100];
fread(buffer, sizeof(char), 100, filePointer);   // 从文件中读取 100 个字符到缓
冲区
fclose(filePointer);
```

4. 文件的位置控制

可以使用 fseek() 函数来控制文件指针的位置,从而实现文件的随机访问。可以通过指定偏移量和起始位置来定位文件指针。

```
FILE * filePointer;
filePointer = fopen("example.txt","r");
fseek(filePointer, 5, SEEK_SET);   // 从文件开头偏移 5 个字节
// 文件操作
fclose(filePointer);
```

5. 文件的文本输入输出

使用 fprintf() 函数将数据以文本格式写入文件,使用 fscanf() 函数从文件中读取文本数据。

```
FILE * filePointer;
filePointer = fopen("example.txt","w");   // 以写入模式打开文件
fprintf(filePointer,"Hello, World!");   // 将字符串写入文件
fclose(filePointer);
```

以上是 C 语言文件操作的基础知识和要点。文件操作是 C 语言中重要的一部分,可以用于读取和写入文件中的数据。实际应用中,我们可以根据需要使用不同的文件操作函数和模式来处理文件。

10.2 文件操作的应用案例

C 语言文件操作在实际应用中有许多精彩的案例。以下是一些示例说明。

1. 文件的复制

通过文件操作函数,可以将一个文件的内容复制到另一个文件中。这在文件备份和数据传输等场景中非常有用。

```
#include 〈stdio.h〉
void copyFile(const char * sourceFile, const char * destinationFile) {
    FILE * source = fopen(sourceFile,"rb");
    FILE * destination = fopen(destinationFile,"wb");
    if (source == NULL || destination == NULL) {
        printf("文件打开失败");
        return;
    }
    char buffer[1024];
    size_t bytesRead;
    while ((bytesRead = fread(buffer, 1, sizeof(buffer), source)) > 0) {
        fwrite(buffer, 1, bytesRead, destination);
    }
    fclose(source);
    fclose(destination);
    printf("文件复制成功");
}
int main() {
    copyFile("source.txt","destination.txt");
    return 0;
}
```

2. 文件的行数统计

通过文件操作函数,可以统计文件中的行数。这在日志分析和数据处理中很有用。

```
#include 〈stdio.h〉
int countLines(const char * filename) {
    FILE * file = fopen(filename,"r");
    if (file == NULL) {
        printf("文件打开失败");
        return -1;
    }
    int count = 0;
    char ch;
    while ((ch = fgetc(file)) != EOF) {
        if (ch == '\n') {
            count++;
        }
    }
    fclose(file);
```

```
        return count;
    }
    int main() {
        int lines = countLines("example.txt");
        printf("文件行数:%d\n", lines);
        return 0;
    }
```

2. 文件的查找和替换

通过文件操作函数,可以在文件中查找指定的字符串,并进行替换操作。这在文本处理和数据处理中非常有用。

```
    #include <stdio.h>
    #include <string.h>
    void replaceString(const char * filename, const char * search, const char *
    replace) {
        FILE * file = fopen(filename, "r+");
        if (file == NULL) {
            printf("文件打开失败");
            return;
        }
        char buffer[1024];
        size_t bytesRead;
        while ((bytesRead = fread(buffer, 1, sizeof(buffer), file)) > 0) {
            char * position = strstr(buffer, search);
            if (position != NULL) {
                fseek(file, position - buffer, SEEK_CUR);
                fwrite(replace, 1, strlen(replace), file);
            }
        }
        fclose(file);
        printf("字符串替换完成");
    }
    int main() {
        replaceString("example.txt", "Hello", "Hi");
        return 0;
    }
```

这些示例展示了C语言文件操作的一些精彩应用。文件操作函数可以用于复制文件、统计行数、查找和替换字符串等实际场景中。文件操作为处理文件数据提供了强大的工具,并且可以根据需求进行灵活的扩展和定制。

第 3 部分
C 语言实验设计

  C 语言实验内容与教材《C 语言程序设计基础》(叶臣、任志考主编,中国科学技术大学出版社 2023 年 8 月出版)相衔接。C 语言是一门计算机入门语言,在完成理论部分学习的基础上,需要针对所学习的知识内容进行上机实践,理解领会解决实际问题的程序设计方法,提高学生解决问题的能力和实际动手能力,激发学习兴趣,为后续的相关专业课学习打下坚实基础。

  本部分共设计了 10 个实验项目,将 C 程序设计过程循序渐进展开。实验内容分为验证型实验、设计型实验和综合型实验。验证型实验(★)主要是学生通过读程序和程序验证过程,巩固和加强对有关知识内容的学习,培养实验操作能力,达到理解程序设计方法和设计过程的目的;设计型实验(★★)要求学生通过自己实验、分析和研究得到结论,形成相应的知识结构,从而具有一定独立解决问题的能力和水平;综合型实验(★★★)是前期实验内容的延续和扩展,对实验内容添加了新的要求和难度,使程序设计更趋于合理性,由浅入深地引导学生探索问题和思考。

  本部分实验内容只给出实验设计方案,具体程序实现内容和实验课程 PPT 将作为本教材的资料内容。

实验 1　创建简单 C 程序

1　实验目的

(1) 熟悉 Dev C++ 的实验环境。

(2) 掌握 C 程序的编辑、编译、链接和运行过程。

(3) 熟悉 C 程序的基本调试过程。

2　实验类型

★ 验证型实验　★★设计型实验

3　实验学时

2 学时

4　实验内容

(1) ★编写显示"我喜欢 C 程序设计课程"的程序(建议作为教师演示程序)。

(2) ★★编写显示"＊＊＊＊＊＊＊＊＊＊＊＊"的程序。

(3) ★★编写输出显示"读书本意在元元"的程序。

5　实验解析

(1) 编写显示"我喜欢 C 程序设计课程"的程序。

【题目解析】

本题是一个演示程序,通过教师对程序实现的演示,让学生了解 C 语言开发环境,学会程序编辑、保存、链接、编译和运行过程,能够自己完成整个过程操作。

【参考代码】

```c
#include "stdio.h"
int main( )
{
printf("我喜欢C程序设计课程\n");
return 0;
}
```

【演示】

第一步:编辑器中编辑程序代码,并保存为扩展名为.c 的 C 源程序文件(实验图 1.1)。

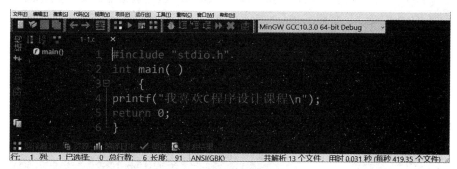

实验图 1.1　已保存的引例 C 源程序

第二步:程序编译和链接(实验图 1.2 和实验图 1.3)。

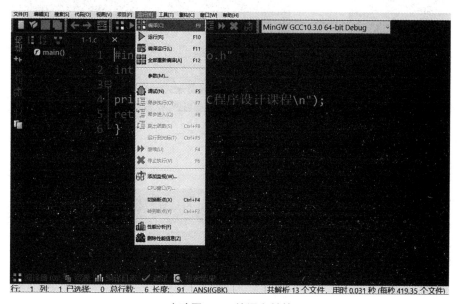

实验图 1.2　编译和链接

实验图 1.3　编译和链接的结果

第三步:程序运行(实验图 1.4)。

实验图 1.4　程序运行

第四步:程序运行结果显示(实验图 1.5)。

实验图 1.5　程序运行结果

(2) 编写显示"＊＊＊＊＊＊＊＊＊＊"的程序。

【题目分析】

本题是一个输出图形的程序,该图形由 10 个星号组成。

【参考代码】

```
#include "stdio.h"
int main( )
{
        printf(" * * * * * * * * * *\n");
        return 0;
}
```

【运行结果】(实验图 1.6)

实验图 1.6　程序运行结果

(3) 编写输出显示"读书本意在元元"的程序。

【题目分析】

本题输出的诗句来自宋代诗人陆游的《读书》,请输出该诗句,并思考读书的目的。

【参考代码】

```
#include "stdio.h"
int main( )
{
        printf("读书本意在元元\n");
        return 0;
}
```

【运行结果】(实验图 1.7)

实验图 1.7　程序运行结果

实验 2　顺序结构程序设计

1　实验目的

（1）掌握 C 语言的基本数据类型。
（2）掌握常量和变量的用法。
（3）掌握 C 语言的运算符及表达式。
（4）掌握不同数据类型的输入输出函数的调用方法。

2　实验类型

★★设计型实验

3　实验学时

2 学时

4　实验内容

（1）★★输出菜单。菜单如下：

```
* * * * * * * * *
    1 打开文件
    2 读文件
    3 写文件
    4 文件退出
* * * * * * * * *
```

（2）★★给出两个整数,求它们的和与积。

（3）★★输入一个华氏温度,输出摄氏温度,公式为 $c = 5/9 \times (h - 32)$。

（4）★★输入三角形三条边的边长,用海伦公式求三角形的面积。

（5）★★输入两个整数,分别赋给变量 a 和 b,交换 a 和 b 中的整数值。

（6）★★从键盘输入一个3位整数,输出该数的逆序数。

5　实验解析

（1）输出菜单。菜单如下：

```
* * * * * * * * *
    1 打开文件
    2 读文件
    3 写文件
    4 文件退出
* * * * * * * * *
```

【题目分析】

在 C 语言应用程序中菜单的使用非常重要,菜单实际上是一种输出的格式,目前可以使用 printf() 输出函数来完成菜单的显示。

【参考代码】

```c
#include"stdio.h"
int main( )
{
    printf(" * * * * * * * * * * * * * \n");
    printf("     1 打开文件 \n");
    printf("     2 读文件 \n");
    printf("     3 写文件 \n");
    printf("     4 文件退出 \n");
    printf(" * * * * * * * * * * * * * \n");
    return 0;
}
```

【运行结果】（实验图2.1）

实验图2.1　程序运行结果

(2) 给出两个整数,求它们的和与积。

【题目分析】

本题是一道简单的算法题,为两个数的求和与求积。

【参考代码】

```c
#include "stdio.h"
int main( )
{
    int a,b,c,d;
    printf("请输入数值 a,b:");
    scanf("%d,%d",&a,&b);
    c = a + b; d = a * b;
    printf("%d + %d = %d\n",a,b,c);
    printf("%d * %d = %d\n",a,b,d);
    return 0;
}
```

【运行结果】(实验图 2.2)

实验图 2.2　程序运行结果

(3) 输入华氏温度,输出摄氏温度,公式为 $c = 5/9 \times (h - 32)$。

【题目分析】

本题是一道简单的应用题,套用公式求值,需要注意其中的除法运算中,如果参照公式中 5/9 的形式将会输出错误结果,因为根据 C 语言规则:整数/整数 = 整数值。

【参考代码】

```c
#include "stdio.h"
int main( )
{
    float h,c;
    printf("请输入华氏温度:");
    scanf("%f",&h);
    c = 5.0/9 * (h - 32);
    printf("\n 摄氏温度:%f\n",c);
    return 0;
}
```

【运行结果】(实验图 2.3)

实验图 2.3　程序运行结果

（4）输入三角形三条边长，使用海伦公式求三角形的面积。

【题目分析】

本题是一道求三角形面积的经典数学问题，在用户保证输入的三个数值能够构成三角形的前提下，使用海伦公式求其面积。

海伦公式：

$$s = (a + b + c)/2$$
$$area = (s \times (s - a) \times (s - b) \times (s - c))^{1/2}$$

说明：

① a,b,c 是三角形的三边长；

② s 是三角形三边和的一半；

③ area 是三角形的面积变量，在对其进行求值的时候，需要用到开方的数学算法，程序调用 sqrt 库函数，因此需要在程序的开始使用预处理命令 #include "math.h"。

【参考代码】

```
#include"stdio.h"
#include"math.h"
int main()
{
    int a,b,c;
    double area,s;
    printf("请输入三角形三边 a,b,c:");
    scanf("%d,%d,%d",&a,&b,&c);
    s=(double)(a+b+c)/2;
    area=sqrt(s*(s-a)*(s-b)*(s-c));
    printf("三角形面积等于%.2lf。\n",area);
    return 0;
}
```

【运行结果】（实验图 2.4）

请输入三角形三边a,b,c:3,4,5
三角形面积等于6.00。

Process exited after 3.918 seconds with return value 0
请按任意键继续. . .

实验图 2.4　程序运行结果

（5）输入两个整数，分别赋给变量 a 和 b，交换 a 和 b 中的整数值。

【题目分析】

本题是一道经典的两数交换算法，需要引入第三方变量完成。

【参考代码】

```
#include"stdio.h"
int main( )
{
    int x,y,t;
    printf("请输入两个数 x 和 y：");
    scanf("%d%d",&x,&y);
    printf("交换前：x=%d,y=%d\n",x,y);
    t=x; x=y; y=t;
    printf("交换后：x=%d,y=%d\n",x,y);
    return 0;
}
```

【运行结果】（实验图 2.5）

实验图 2.5　程序运行结果

（6）从键盘输入一个 3 位正整数，输出该数的逆序数。

【题目分析】

本题是一道求三位数各个位上数字的 C 语言经典算法，获取数字的方法比较多，参考代码中使用了整除的方法。例如输入 123，输出的逆序数为 321。

【参考代码】

```
#include"stdio.h"
int main( )
{
    int a,b,c,x,y;
    printf("请输入一个 3 位的正整数：");
    scanf("%d",&x);
    a=x/100;            // 求 x 的百位数
    b=(x-a*100)/10;    // 求 x 的十位数
    c=x-a*100-b*10;    // 求 x 的个位数
    y=c*100+b*10+a;
    printf("正整数%d,逆序数%d\n",x,y);
```

```
    return 0;
}
```

【运行结果】(实验图 2.6)

实验图 2.6　程序运行结果

实验 3 选择结构程序设计

1 实验目的

(1) 掌握条件判断表达式的用法。
(2) 掌握 if 语句用法。
(3) 掌握 switch 语句的用法。

2 实验类型

★★设计型实验 ★★★综合型实验

3 实验学时

4 学时

4 实验内容

(1) ★★输入一个数值,求其绝对值。

(2) ★★输入一个物品的长、宽和高的数值,判断这个物品是长方体还是正方体。

(3) ★★输入 4 位整数形式的年份,判断其是否为闰年。

(4) ★★★给一个百分制成绩,要求输出等级“A”、“B”、“C”、“D”、“E”。90 分以上为“A”,80—89 分为“B”,70—79 分为“C”,60—69 分为“D”,60 分以下为“E”。

(5) ★★★编写一个简单的出租车计费程序,当输入行程的总里程时,输出乘客应付的车费(车费保留一位小数)。计费标准具体为起步价 10 元/3 千米,超过 3 千米,每千米费用为 1.2 元,超过 10 千米,每千米的费用为 1.5 元。

(6) ★★★编写一个身体质量指数 BMI 测试的程序,计算公式为 BMI = 体重(千克)/

身高(米)的平方,男性 BMI 标准值是 20—25,女性 BMI 标准值是 19—24,请输入某人的体重和身高,并给出偏瘦、正常和偏胖的结论。

5 实验解析

(1) 输入一个数值,求其绝对值。

【题目分析】

本题是一道经典的算法问题,通过判断数值正负,使用公式求得其绝对值。

【参考代码】

```c
#include"stdio.h"
int main( )
{
    float x;
    printf("请输入 x 值:");
    scanf("%f",&x);
    if(x<0)
        x = - x;
    printf("x 的绝对值:%f\n",x);
    return 0;
}
```

【运行结果】(实验图 3.1)

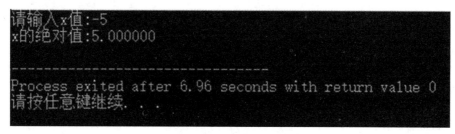

实验图 3.1 程序运行结果

(2) 输入一个物品的长、宽和高的数值,判断这个物品是长方体还是正方体。

【题目分析】

本题是一道使用选择结构解决简单应用问题的程序实现,程序中条件判断表达式的表述是重点,比较复杂,需要特别注意。

【参考代码】

```c
#include"stdio.h"
int main( )
{
    int l,w,h;
```

```
    printf("请输入物品的长,宽,高:\n");
    scanf("%d,%d,%d",&l,&w,&h);
    if(l= =w&&w= =h)
        printf("该物品是正方体。");
    else
        printf("该物品是长方体。");
    return 0;
}
```

【运行结果】(实验图 3.2)

实验图 3.2　程序运行结果

(3) 输入 4 位整数形式的年份,判断是否为闰年。

【题目分析】

本题是一道经典题目,闰年的判断是现实生活中经常遇到的问题,闰年的条件是能被 4 整除但不能被 100 整除的年份,以及能够被 400 整除的年份,请思考如何使用已学的运算符写出正确表达式。

【参考代码】

```
#include"stdio.h"
int main( )
{
    int year;
    printf("请输入要判断的4位数年份:\n");
    scanf("%d",&year);
    if(year%4= =0 && year%100!=0 || year%400= =0)
        printf("%d 年是闰年。\n",year);
    else
        printf("%d 年不是闰年。\n",year);
    return 0;
}
```

【运行结果】(实验图 3.3)

实验图 3.3　程序运行结果

（4）输入一个百分制成绩，要求输出其对应等级。

等级标准如下：

90 分以上为"A"，80—89 分为"B"，70—79 分为"C"，60—69 分为"D"，60 分以下为"E"。

【题目分析】

首先需要判断成绩输入的有效性，是否符合百分制的要求，其次根据等级标准使用多分支选择结构判断其对应等级。

【参考代码】

```c
#include"stdio.h"
int main()
{
    float score;
    char grade;
    printf("请输入学生百分制成绩:");
    scanf("%f",&score);
    while(score>100||score<0)
{
    printf("\n 成绩输入错误,请重新输入:");
    scanf("%f",&score);
}
switch((int)(score/10))
{
    case 10:
    case 9: grade = 'A'; break;
    case 8: grade = 'B'; break;
    case 7: grade = 'C'; break;
    case 6: grade = 'D'; break;
    case 5:
    case 4:
    case 3:
    case 2:
    case 1:
    case 0: grade = 'E';
    }
    printf("学生分数%5.1f,其成绩等级为%c。\n",score,grade);
    return 0;
}
```

【运行结果】（实验图 3.4）

实验图 3.4   程序运行结果

（5）编写一个简单的出租车计费程序，当输入行程的总里程时，输出乘客应付的车费（车费保留一位小数）。计费标准具体为起步价 10 元/3 千米，超过 3 千米，每千米费用为 1.2 元，超过 10 千米，每千米的费用为 1.5 元。

【题目分析】

生活中出租车是一种常见的出行方式，出租车费用采用分段统计求和计费的形式，本题目以此为研究对象，要求编写一个简单的出租车计费程序。

【参考代码】

```c
#include"stdio.h"
int main()
{
    float km,cost；
    printf("请输入乘客乘坐的总里程:");
    scanf("%f",&km)；
    if（km<=0）
    printf("里程输入错误!")；
    else if（km<=3）
        printf("您需要支付 10 元车费")；
    else if（km<=10）
        cost=10+(km-3)*1.2；
    else
        cost=18.4+(km-10)*1.5；
    printf("您需要支付%0.1f 元车费。\n",cost)；
    return 0；
}
```

【运行结果】（实验图 3.5）

请输入乘客乘坐的总里程:17
您需要支付28.9元车费。

Process exited after 7.582 seconds with return value 0
请按任意键继续. . .

实验图 3.5   程序运行结果

（6）编写一个身体质量指数 BMI 测试的程序，计算公式为 BMI＝体重（kg）/身高（m）的平方，男性 BMI 标准值是 20—25，女性 BMI 标准值是 19—24，请输入某人的体重和身高，并给出偏瘦、正常和偏胖的结论。

【题目分析】

本题是一道较为复杂的选择结构的应用题，题目中身体质量指数 BMI 测试是国际上常用的衡量人体胖瘦程度以及是否健康的一个标准。程序实现需要先判断性别，然后根据标准值进行分段判断。

【参考代码】

```c
#include"stdio.h"
int main()
{
    float height, weight,bmi;
    int sex;
    printf(" * * * * * * * * * * \n");
    printf("   0 男\n");
    printf("   1 女\n");
    printf(" * * * * * * * * * * \n");
    printf("请根据您的性别选择序号:");
    scanf("%d",&sex);
    if(sex = = 0)
    {
        printf("先生您好! 请输入您的身高(m),体重(kg):");
        scanf("%f,%f",&height,&weight);
        bmi = weight/(height * height);
        if (bmi<20)
            printf("先生您的 BMI 为%0.1f,身材偏瘦!",bmi);
        else if(bmi< = 25)
            printf("先生您的 BMI 为%0.1f,身材正常!",bmi);
        else
            printf("先生您的 BMI 为%0.1f,身材偏胖!",bmi);
    }
    else if(sex = = 1)
    {
        printf("女士您好! 请输入您的身高,体重:");
        scanf("%f,%f",&height,&weight);
        bmi = weight/(height * height);
        if (bmi<19)
            printf("女士您的 BMI 为%0.1f,身材偏瘦!",bmi);
        else if(bmi< = 24)
            printf("女士您的 BMI 为%0.1f,身材正常!",bmi);
```

```
        else
            printf("女士您的 BMI 为%0.1f,身材偏胖!",bmi);
    }
    else
        printf("输入错误!");
    return 0;
}
```

【运行结果】(实验图 3.6)

实验图 3.6　程序运行结果

实验 4 循环结构程序设计

1 实验目的

(1) 掌握 for、while 和 do-while 语句结构。
(2) 掌握循环结构的嵌套形式。
(3) 掌握 break 和 continue 语句的用法。

2 实验类型

★★设计型实验 ★★★综合型实验

3 实验学时

4 学时

4 实验内容

(1) ★★输入一个正整数,求其阶乘值。

(2) ★★等差数列:0,2,4,6,8,10…求出这个数列的前 20 项之和。

(3) ★★★计算 π 的近似值。公式:$\pi/4 = 1 - 1/3 + 1/5 - 1/7 + \cdots$,要求最后一项的绝对值小于 10^{-6} 为止。

(4) ★★★打印九九乘法表:

$$1 * 1 = 1$$
$$1 * 2 = 2 \quad 2 * 2 = 4$$

…

$$1*9=9 \quad 2*9=18 \quad 3*9=27 \cdots 8*9=72 \quad 9*9=81$$

（5）★★★百钱买百鸡问题：现有100文钱，公鸡5文钱1只，母鸡3文钱1只，小鸡1文钱3只，要求用100文钱买100只鸡，买的鸡是整数。请问有几种购买方案，每种方案可以买多少只公鸡，多少只母鸡，多少只小鸡？

（6）★★编写程序输出图案如下：

```
      *
    * * *
  * * * * *
* * * * * * *
  * * * * *
    * * *
      *
```

5　实验解析

（1）输入一个正整数，求其阶乘值。

【题目分析】

本题是一个数学问题，阶乘的求值是一个累乘的过程，需要注意表达式中初始值不能为0，随着正整数取值的增大，其阶乘值将会非常大，需要特别注意选择合适数据类型的变量存储阶乘值。

【参考代码】

```c
#include"stdio.h"
int main()
{
    float t=1;
    int i,n;
    printf("请输入一个正整数:");
    scanf("%d",&n);
    for(i=1;i<=n;i++)
        t=t*i;
    printf("%d! = %f\n",n,t);
    return 0;
}
```

【运行结果】（实验图4.1）

（2）等差数列：0,2,4,6,8,10…求出这个数列的前20项之和。

实验图 4.1 程序运行结果

【题目分析】

等差数列是数学中的一个常用数列,这个等差数列的特点是:初值从 0 开始,差值为 2。

【参考代码】

```c
#include"stdio.h"
int main()
{
    int a=0,sum=0;
    int i;
    for(i=0;i<20;i++)
    {
        sum+=a;
        a=a+2;
    }
    printf("等差数列的前 20 项和为%d。",sum);
    return 0;
}
```

【运行结果】(实验图 4.2)

实验图 4.2 程序运行结果

(3) 计算 π 的近似值。公式:$\pi/4 = 1 - 1/3 + 1/5 - 1/7 + \cdots$,要求最后一项的绝对值小于 10^{-6} 为止。

【题目分析】

圆周率是我国古代数学家祖冲之首先计算出其准确值在 3.1415926 和 3.1415927 之间,根据给出的计算公式和约束条件,使用循环结构可以求得 π 的近似值。

【参考代码】

```c
#include"stdio.h"
#include"math.h"
int main()
{
```

```
        float pi,t,n;
        int sign=1;
        pi=0; n=1; t=1;
        while(fabs(t)>=1e-6)
        {
            t=sign/n;
            pi+=t;
            n+=2;
            sign=-sign;
        }
        pi=pi*4;
        printf("PI=%f\n",pi);
        return 0;
}
```

【运行结果】(实验图 4.3)

实验图 4.3　程序运行结果

(4) 打印九九乘法表。

九九乘法表如下:

$$1 \times 1 = 1$$

$$1 \times 2 = 2 \quad 2 \times 2 = 4$$

$$\cdots$$

$$1 \times 9 = 9 \quad 2 \times 9 = 18 \quad 3 \times 9 = 27 \cdots 8 \times 9 = 72 \quad 9 \times 9 = 81$$

【题目分析】

九九乘法表是学习乘法运算的基础,它在形式上有着独有的特点,两个数相乘时,乘数刚好和式子所在的列数对应,而被乘数对应着式子的所在行。根据这个特点可以将九九乘法表按照上三角的形式显示出来。

【参考代码】

```c
#include"stdio.h"
int main()
{
    int i,j;
    for(i=1;i<=9;i++)
    {
        for(j=1;j<=i;j++)
```

```
        printf("%3d * %d = %2d",j,i,i * j);
    printf("\n");
    }
    return 0;
}
```

【运行结果】(实验图 4.4)

(5) 百钱买百鸡,现有 100 文钱,公鸡 5 文钱一只,母鸡 3 文钱一只,小鸡一文钱 3 只,要求:用 100 文钱买 100 只鸡,买的鸡是整数。请问有几种购买方案,每种方案可以买多少只公鸡,多少只母鸡,多少只小鸡?

实验图 4.4　程序运行结果

【题目分析】

百钱百鸡问题是一个古老的计算问题,在数学上是两个三元一次方程求解的问题,需要采用穷举法获得具体答案,使用双重循环加选择结构的方式,可以使穷举算法以程序的方式实现。

【参考代码】

```c
#include"stdio.h"
int main()
{
    int m,n,k;
    int sum = 0;
    printf("各种方案如下:\n");
    for(m = 1;m <= 100;m ++)
        for(n = 1;n <= 100 - m;n ++)
        {
            k = 100 - m - n;
            if(k%3 == 0 && m * 5 + n * 3 + k/3 == 100)
            {
                printf("公鸡%3d 只;母鸡%3d 只;小鸡%3d 只.\n",m,n,k);
                sum ++;
            }
        }
```

```
        printf("共有%d 种方案.\n",sum);
        return 0;
}
```

【运行结果】(实验图 4.5)

实验图 4.5　程序运行结果

(6) 编写程序输出图案如下:

```
        *
       * * *
      * * * * *
     * * * * * * *
      * * * * *
       * * *
        *
```

【题目分析】

本题是一个平面图形问题,学习循环结构后不能再单纯使用 printf()输出函数的方式顺序输出,而要找到图形输出特点,一般采用双重循环结构实现图形,外层循环控制行输出,内层循环控制列输出,根据行和列的关系运算得到不同的图形。

【参考代码】

```c
#include"stdio.h"
int main( )
{
    int i,j,k;
    for(i=0;i<=3;i++)
    {
        for(j=0;j<=2-i;j++)
            printf("  ");
        for(k=0;k<=2*i;k++)
            printf(" * ");
        printf("\n");
    }
    for(i=0;i<=2;i++)
    {
        for(j=0;j<=i;j++)
```

```
        printf("   ");
    for(k=0;k<=4-2*i;k++)
        printf(" * ");
    printf("\n");
    }
    return 0;
}
```

【运行结果】(实验图 4.6)

实验图 4.6 程序运行结果

实验 5　模块化程序设计

1　实验目的

(1) 掌握自定义函数的定义、声明。
(2) 掌握自定义函数的嵌套、递归调用。
(3) 熟悉全局变量和局部变量的用法。

2　实验类型

★★设计型实验　★★★综合型实验

3　实验学时

4 学时

4　实验内容

(1) ★★编写一个计算正方形面积的函数。
(2) ★★编写一个求三角形面积的海伦公式函数。
(3) ★★★定义函数 jiecheng()，使用函数的递归调用方法求一个正整数的阶乘。
(4) ★★★输入学生百分制成绩，并判定其成绩等级。90 分以上为"A"，80—89 分为"B"，70—79 分为"C"，60—69 分为"D"，60 分以下为"E"(要求：判定成绩等级部分使用函数实现)。
(5) ★★★先读程序写结果，后输入程序并运行看结果，请分析全局变量和局部变量在程序运行过程中的作用。
　　　#include"stdio.h"

```
int a = 5；int b = 7；
int main()
{
    int a = 4,b = 5,c；
    int plus(int x,int y)；
    c = plus(a,b)；
    printf("a + b = %d",c)；
    return 0；
}
int plus(int x,int y)
{
    int z；
    z = x + y；
    return（z）；
}
```

5　实验解析

（1）编写一个计算正方形面积的函数。

【题目分析】

本题是将求正方形面积的算法用自定义函数方式封装,函数参数是正方形边长,返回值是面积值。

【参考代码】

```
#include"stdio.h"
float zfx_area(int a)
{
    int area；
    area = a * a；
    return area；
}
int main()
{
    int a；
    float area；
    printf("\n\t 请输入正方形边长（正整数）:")；
    scanf("%d",&a)；
    area = zfx_area(a)；
    printf("\n\t 正方形边长%d,面积为%.2f",a,area)；
```

```
        return 0;
}
```

【运行结果】(实验图 5.1)

请输入正方形边长（正整数）：5

正方形边长5，面积为25.00

Process exited after 7.112 seconds with return value 0
请按任意键继续. . .

实验图 5.1　程序运行结果

（2）编写一个求三角形面积的海伦公式函数。

【题目分析】

在实验2顺序结构程序设计中做过海伦公式求三角形面积的实验,本题是将海伦公式的算法实现从顺序结构的程序中剥离出来,构建为自定义函数形式。函数创建后,程序在任何位置需要用海伦公式求三角形面积时都可以使用调用的方式执行该函数得到结果。

【参考代码】

```c
#include"stdio.h"
#include"math.h"
int main( )
{
    int a,b,c;
    double area;
    float Heron_formula(int a,int b,int c);
    printf("请输入三角形三边 a,b,c:");
    scanf("%d,%d,%d",&a,&b,&c);
    area = Heron_formula(a,b,c);
    printf("三角形面积等于%.2lf。\n",area);
    return 0;
}
float Heron_formula(int a,int b,int c)
{
    double s,area;
    s = (a+b+c)/2;
    area = sqrt(s*(s-a)*(s-b)*(s-c));
    return area;
}
```

【运行结果】(实验图 5.2)

（3）定义函数 jiecheng(),使用函数的递归调用方法求一个正整数的阶乘。

实验图 5.2　程序运行结果

【题目分析】

函数递归调用是一种特殊的嵌套调用,是通过调用收敛方式获得解决相关问题的方法。求阶乘是一个特别的数学问题,使用递归调用方法可以非常好的体现阶乘求解的过程。

【参考代码】

```c
#include"stdio.h"
int main()                // 主函数
{
    int jiecheng(int  n);      // 函数的声明
    int n;
    long s;
    printf("输入一个正整数 n = ");
    scanf("%d",&n);
    s = jiecheng(n);        // 调用自定义函数 jiecheng()
    printf("\n%d 的阶乘 = %ld\n",n,s);
    return 0;
}
int jiecheng(int n)      // 自定义函数 jiecheng()
{
    long s;
    if(n = =0 || n = =1)
        s = 1;
    else
        s = n * jiecheng(n-1);     // 递归调用函数
    return s;
}
```

【运行结果】(实验图 5.3)

实验图 5.3　程序运行结果

（4）输入学生百分制成绩，并判定其成绩等级。90 分以上为"A"，80—89 分为"B"，70—79 分为"C"，60—69 分为"D"，60 分以下为"E"（要求：判定成绩等级部分使用函数实现）。

【题目分析】

在实验 3 选择结构程序设计中做过这个实验，百分制成绩的有效性判断和多分支选择结构让主函数的代码量比较大，也不利于这两种算法的复用，本题可以将百分制成绩有效性判断和多分支选择结构判定等级分别通过自定义函数实现，主函数的代码量将大大减少。

【参考代码】

```c
#include"stdio.h"
float grade_effectiveness(float score)
{
    while(score>100||score<0)
    {
        printf("\n百分制成绩输入错误,请重新输入:");
        scanf("%f",&score);
    }
    return score;
}
char Letter_grade(float score)
{
    char grade;
    switch((int)(score/10))
    {
        case 10:
        case 9: grade = 'A'; break;
        case 8: grade = 'B'; break;
        case 7: grade = 'C'; break;
        case 6: grade = 'D'; break;
        case 5:
        case 4:
        case 3:
        case 2:
        case 1:
        case 0: grade = 'E';
    }
    return grade;
}
int main()
{
    float score;
    char grade;
    printf("请输入学生百分制成绩:");
    scanf("%f",&score);
```

```
        score = grade_effectiveness(score);
        grade = Letter_grade(score);
        printf("学生分数%5.1f,其成绩等级为%c。\n",score,grade);
        return 0;
}
```

【运行结果】(实验图 5.4)

实验图 5.4　程序运行结果

(5) 先读程序写结果,后输入程序并运行看结果,请分析全局变量和局部变量在程序运行过程中的作用。

```
#include"stdio.h"
int a = 5; int b = 7;
int main()
{
        int a = 4,b = 5,c;
        int plus(int x,int y);
        c = plus(a,b);
        printf("a + b = %d",c);
        return 0;
}
int plus(int x,int y)
{
        int z;
        z = x + y;
        return (z);
}
```

【题目分析】

本题从运行的结果看自定义函数 plus 的实参值是主函数中的局部变量 a = 4,b = 5,而不是全局变量 a = 5,b = 7,原因是在某一程序段中如果有全局变量和局部变量同名的变量,局部变量将被优先使用。

【运行结果】(实验图 5.5)

实验图 5.5　程序运行结果

实验 6　指针操作

1　实验目的

(1) 掌握指针的定义与使用方法。
(2) 掌握指针作为函数参数的用法。

2　实验类型

★★设计型实验　★★★综合型实验

3　实验学时

4 学时

4　实验内容

(1) ★★输入一个整数,使用指针变量输出这个整数值。
(2) ★★★编写程序,用指针操作实现两个整型变量内容的交换。
(3) ★★★编写程序,用指针操作实现指向两个整型变量的指针指向交换。
(4) ★★★编写一个函数,实现两个整型变量内容的交换。

5　实验解析

(1) 输入一个整数,使用指针变量输出这个整数值。

【题目分析】

指针就是地址,变量是存放数据的空间,变量的地址存放在指针变量中时,指针就可以指向这个空间,并访问空间中的数据,本题是变量直接访问空间中数据和通过指针指向方式访问空间数据的实例,这两种不同的访问形式使程序对于数据的访问可以更加灵活。

【参考代码】

```
#include"stdio.h"
int main()
{
    int a=4;
    int *p;
    printf("使用整型变量a,输出变量值为%d。\n",a);
    p=&a;
    printf("使用指针变量p,输出变量值为%d。\n",*p);
    return 0;
}
```

【运行结果】(实验图 6.1)

实验图 6.1　程序运行结果

(2) 编写程序,用指针操作实现两个整型变量内容的交换。

【题目分析】

本题指针操作中,使用的规则是:指针变量 l 指向变量 x,指针变量 m 指向变量 y,指针变量 n 指向变量 t,所以算法 *n = *l, *l= *m, *m= *n 等价于 t = x, x = y, y = t。

【参考代码】

```
#include"stdio.h"
int main()
{
    int x,y,t;
    int *l,*m,*n;
    l=&x;
    m=&y;
    n=&t;
    printf("请输入两个数x和y:");
    scanf("%d%d",&x,&y);
    printf("交换前:x=%d,y=%d\n",x,y);
    *n= *l; *l= *m; *m= *n;
```

```
    printf("交换后:x = %d,y = %d\n",x,y);
    return 0;
}
```

【运行结果】(实验图 6.2)

实验图 6.2　程序运行结果

(3) 编写程序,用指针操作实现指向两个整型变量的指针指向交换。

【题目分析】

本题指针操作中,使用的规则是:指针变量 l 指向变量 x,指针变量 m 指向变量 y,指针变量 n 指向变量 t,所以算法 n = l; l = m; m = n;实现的是指针变量指向的改变,但没有改变指向对象中的内容。

【参考代码】

```
#include"stdio.h"
int main( )
{
    int x,y,t;
    int * l, * m, * n;
    l = &x;
    m = &y;
    n = &t;
    printf("请输入两个数 x 和 y:");
    scanf("%d%d",&x,&y);
    printf("交换前: * l = %d, * m = %d\n", * l, * m);
    n = l; l = m; m = n;
    printf("交换后: * l = %d, * m = %d\n", * l, * m);
    return 0;
}
```

【运行结果】(实验图 6.3)

实验图 6.3　程序运行结果

（4）编写一个函数，实现两个整型变量内容的交换。

【题目分析】

本题指针操作中，根据指针使用规则：指针变量 l 指向变量 x，指针变量 m 指向变量 y。指针变量作为了函数的参数，函数参数传递后，实参和形参值都指向了主函数中的 x 和 y 这两个变量，自定义函数中算法 t = * l；* l = * m；* m = t；等价于 t = x；x = y；y = t，因此主函数中 x 和 y 两个变量交换了变量中的值。

【参考代码】

```
#include"stdio.h"
void swap(int * l,int * m)
{
    int t;
    t = * l; * l = * m; * m = t;
}
int main( )
{
    int x,y;
    int * l, * m;
    l = &x;
    m = &y;
    printf("请输入两个数 x 和 y：");
    scanf("%d%d",&x,&y);
    printf("交换前：x = %d,y = %d\n",x,y);
    swap(l,m);
    printf("交换后：x = %d,y = %d\n",x,y);
    return 0;
}
```

【运行结果】（实验图 6.4）

实验图 6.4　程序运行结果

实验 7　数组操作

1　实验目的

(1) 掌握一维数组的定义、初始化和使用。
(2) 掌握二维数组的定义、初始化和使用。
(3) 掌握数组和函数的结合使用。
(4) 掌握数组和指针的结合使用。

2　实验类型

★★设计型实验　★★★综合型实验

3　实验学时

4 学时

4　实验内容

(1) ★★斐波那契数列:1,1,2,3,5,8…将数列前 10 项的值存放到数组 a 中,并输出数组元素值。

(2) ★★输入 num(num≤20)个整数,存放在数组 a[1]至 a[num]中,请将数据从小到大排序后输出。要求编写两个程序分别用选择排序和冒泡排序方法实现。

(3) ★★创建一个二维数组并输入一个 4×4 的矩阵值,按照 4×4 的显示格式输出该数组元素值。

(4) ★★★编写一个阶乘函数 int jiecheng(int n),求斐波那契数列前 5 项的阶乘值。

(5) ★★★编写一个累加求和函数 int add(int * p,int n),求一维数组 a[n](n< =15)

的和,数组元素值为等比数列(1,2,4,8…)。

5　实验解析

(1)斐波那契数列:1,1,2,3,5,8…将数列前 10 项的值存放到数组 a 中,并输出数组元素值。

【题目分析】

斐波那契数列又称黄金分割数列,因数学家莱昂纳多·斐波那契(Leonardo Fibonacci)以兔子繁殖为例子而引入,故又称为"兔子数列"。数列特点是从第 3 项开始,每一项都为前两项的和。

【参考代码】

```c
#include"stdio.h"
int main()
{
    int i,f[11];
    f[1]=1,f[2]=1;
    for(i=3; i<=10; i++)
        f[i]=f[i-1]+f[i-2];
    printf("\n 斐波那契数列:\n");
    for(i=1;i<=10;i++)
    {
        printf("%6d", f[i]);
        if(i%5==0) printf("\n");
    }
    return 0;
}
```

【运行结果】(实验图 7.1)

实验图 7.1　程序运行结果

(2)输入 num(num≤20)个整数,存放在数组 a[1]至 a[num]中,请将数据从小到大排序后输出。要求编写两个程序分别用选择排序和冒泡排序方法实现。

（一）选择排序

【题目分析】

选择排序采用一维数组,比较时使用双重循环结构。

① 第一轮:在要排序的所有元素中,选出最小的一个数与第一个位置上的数交换,这样最小的数就放在了第一位置;

② 第二轮:第一位置的数值不变,在剩下的数当中再找最小的数与第二个位置上的数交换,这样第二小的数就放在了第二个位置上;

③ 依次类推,直到将最大的数放在最后一个位置上为止,整个排序结束。

例如,给定一组数据:60,40,80,65,45,排序过程如下:

① 第一轮:40 60 80 65 45,5 个数中的最小值 40 与第 1 个数 60 交换;

② 第二轮:40 45 80 65 60,后 4 个数中的最小值 45 与第 2 个数 60 交换;

③ 第三轮:40 45 60 65 80,后 3 个数中的最小值 60 与第 3 个数 80 交换;

④ 第四轮:40 45 60 65 80,后 2 个数中的最小值 65,不需要交换;

⑤ 程序结束,得:40 45 60 65 80。

【参考代码】

```c
#include"stdio.h"
int main()
{
    int num,i,j,p,t;
    int a[21];
    printf("请输入确认整数数量 num(num<=20):");
    scanf("%d",&num);
    for(i=1;i<=num;i++)
    {
        printf("请输入第%d 个整数:",i);
        scanf("%d",&a[i]);
    }
    printf("输入的整数:\n");
    for(i=1;i<=num;i++)
        printf("%5d",a[i]);
    for(j=1;j<=num-1;j++) // j 表示查找第 1 个最小值到第 num-1 个数最小值
    {
        p=j;   // p 初始第 j 个数为 j 到 num 的最小值
        for(i=j+1; i<=num; i++) // 从 j+1 个数开始,查找最小值的位置
        {
            if(a[i]<a[p])  p=i;
        }
        t=a[p],a[p]=a[j],a[j]=t;   // 交换 j 到 n 的最小值 a[p]与第 j 个数 a[j]
    }
```

```
        printf("\n 从小到大排序的结果:\n");
        for(i=1;i<=num;i++)
        {
            printf("%5d",a[i]);
        }
        return 0;
    }
```

【运行结果】(实验图 7.2(a))

实验图 7.2(a)　程序运行结果

(二)冒泡排序

【题目分析】

冒泡排序采用一维数组,比较时使用双重循环结构。

① 第一轮:相邻的两个数组元素进行比较,如果前一个数组元素值大于后一个数组元素值,则进行交换,小的往前排,大的往后排;如果前一个数组元素值小于后一个数组元素值,则保持不变。第一轮结束数组中最大值沉到数组的最末位置;

② 第二轮:数组最末位置的数值不变,剩余数组元素重复第一轮中的比较和交换方式,第二轮结束后最大值沉到数组的倒数第二的位置。

依次类推,直到最小的数放到第一位置为止,整个排序结束。

【参考代码】

```c
#include"stdio.h"
int main()
{
    int num,i,j,t;
    int a[21];
```

```
        printf("请输入确认整数数量 num(num<=20):");
        scanf("%d",&num);
        for(i=1;i<=num;i++)
        {
            printf("请输入第%d个整数:",i);
            scanf("%d",&a[i]);
        }
        printf("输入的整数:\n");
        for(i=1;i<=num;i++)
            printf("%5d",a[i]);
        for (j=1; j<=num-1; j++){ //j表示第j轮比较
            for (i=1; i<=num-j; i++){ //从1到n-j+1,两两比较
                if (a[i]>a[i+1])
                    t=a[i], a[i]=a[i+1], a[i+1]=t;
            }
        }
        printf("\n 从小到大排序的结:\n");
        for (i=1; i<=num; i++)   //输出排序好的数据
        {
        printf("%5d", a[i]);
        }
        return 0;
    }
```

【运行结果】(实验图 7.2(b))

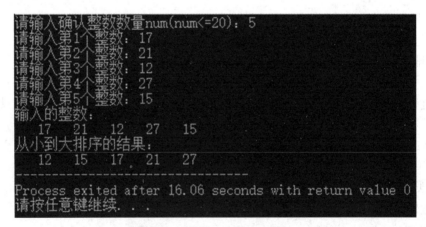

实验图 7.2(b)   程序运行结果

    (3) 创建一个二维数组并输入一个 4×4 的矩阵值,按照 4×4 的显示格式输出该数组元素值。

【题目分析】

本题是一个二维数组处理矩阵显示问题的题目,根据二维数组元素下标与矩阵元素下

标的对应关系,可以创建一个矩阵,并对其进行显示,由此可知数组操作也可以实现数学中矩阵的一些计算操作。

【参考代码】

```c
#include"stdio.h"
int main()
{
    int i,j,a[5][5];
    printf("请输入 4 * 4 矩阵值(间隔符为空格):\n");
    for (i=1; i<=4; i++)          // 输入矩阵数据
    {
        for (j=1; j<=4; j++)
        {
            scanf("%d", &a[i][j]);
        }
    }
    printf("输出 4 * 4 矩阵:\n");
    for (i=1; i<=4; i++) // 输出矩阵
    {
        for (j=1; j<=4; j++)
        {
            printf("%5d", a[i][j]);
        }
        printf("\n");
    }
    return 0;
}
```

【运行结果】(实验图 7.3)

实验图 7.3　程序运行结果

(4) 编写一个阶乘函数 int jiecheng(int n),求斐波那契数列前 5 项的阶乘值。

【题目分析】

根据题意需要通过数组元素作为函数参数的方式,实现对阶乘函数的调用,并返回求得的阶乘值。

【参考代码】

```
#include"stdio.h"
int jiecheng(int n)
{
    int i,f=1;
    for (i=1;i<=n;i++)
        f=f*i;
    return f;
}
int main()
{
    int i,f[6],result[6];
    f[1]=1,f[2]=1;
    for(i=3; i<=5; i++)
        f[i]=f[i-1]+f[i-2];
    for(i=1;i<6;i++)
        result[i]=jiecheng(f[i]);
    for(i=1;i<6;i++)
        printf("%d\t", result[i]);
    return 0;
}
```

【运行结果】(实验图7.4)

实验图 7.4　程序运行结果

(5) 编写一个累加求和函数 int add(int * p,int n),求一维数组 a[n](n<=15)的和,数组元素值为等比数列(1,2,4,8…)。

【题目分析】

根据题意需要通过指针变量作为函数参数的方式,实现对等比数列数组的整体调用,并返回求得的累加和。

【参考代码】

```
#include"stdio.h"
int add(int * p,int n)
{
```

```
    int i,sum = 0;
    for (i = 1;i<n;i + +)
        sum = sum + * (p + i);
    return sum;
}
int main()
{
    int i,a[6],result;
    a[0] = 1;
    for(i = 0;i<6;i + +)
        a[i + 1] = a[i] * 2;
    result = add(a,6);
    printf("等比数列的和为%d。", result);
    return 0;
}
```

【运行结果】(实验图 7.5)

实验图 7.5　程序运行结果

实验 8　字符串操作

1　实验目的

（1）掌握字符型数据的定义和使用。
（2）掌握字符数组的应用。
（3）掌握常用字符串处理函数。
（4）掌握字符指针的应用。

2　实验类型

★★设计型实验　★★★综合型实验

3　实验学时

4 学时

4　实验内容

（1）★★输入一行字符，分别统计出其中英文字母、空格、数字和其他字符的个数。
（2）★★输入一个字符串，判断是不是"回文字符串"（即正读、反读都一样的字符串）。
（3）★★输入两个字符串并比较大小，验证字符串比较规则。字符串比较规则：
① 若字符串 1 小于字符串 2，函数返回值是负整数 -1。
② 若字符串 1 大于字符串 2，函数返回值是正整数 1。
③ 若字符串 1 等于字符串 2，函数返回值是 0。
（4）★★★编写一个统计字符串字符数的函数 int strlength(char ∗ s)。

5　实验解析

（1）输入一行字符，分别统计出其中英文字母、空格、数字和其他字符的个数。

【题目分析】

本题是统计字符个数的程序，所输入的是 ASCII 码字符，根据各种字符在 ASCII 码表中区域范围特点，使用循环结构＋多分支选择结构的模式实现。

【参考代码】

```
#include"stdio.h"
int main()
{
    char c;
    int letter = 0,space = 0,digit = 0,other = 0;
    printf("请输入一行字符:\n");
    while((c = getchar())! = '\n')
    {
        if((c> = 'a'&& c< = 'z')||(c> = 'A'&&c< = 'Z'))
            letter + + ;
        else if(c = = ")
            space + + ;
        else if(c> = '0'&&c< = '9')
            digit + + ;
        else
            other + + ;
    }
    printf("这行字符中,字母有%d 个,空格有%d 个,数字有%d 个,其他字符有%d
个。\n",letter,space,digit,other);
    return 0;
}
```

【运行结果】（实验图 8.1）

实验图 8.1　程序运行结果

（2）输入一个字符串，判断是不是"回文字符串"（即正读、反读都一样的字符串）。

【题目分析】

本题回文字符串中的字符是 ASCII 码表的字符，首先将输入字符串存入字符数组中，然后根据回文字符串的特点，使用循环结构方式进行比较，比较结果使用标志变量 ch 进行记录。

【参考代码】

```
#include"stdio.h"
#include"string.h"
#define N 20
int main( )
{
    char str[N],ch = 'Y';
    int i;
    int len;
    printf("请输入一行字符:\n");
    scanf("%s",str);
    len = strlen(str);
    for(i = 0;i<len/2;i+ + )
        if(str[i]! = str[len - 1 - i])
        {
            ch = 'N';
            break;
        }
    if(ch = = 'Y')
        printf("\"%s\"是一个回文字符串。\n",str);
    else
        printf("\"%s\"不是一个回文字符串。\n",str);
    return 0;
}
```

【运行结果】（实验图 8.2(a)、8.2(b)）

实验图 8.2(a)　程序运行结果

实验图 8.2(b)　程序运行结果

(3) 输入两个字符串并比较大小,验证字符串比较规则。

字符串比较规则:

① 若字符串 1 小于字符串 2,函数返回值是负整数-1。

② 若字符串 1 大于字符串 2,函数返回值是正整数 1。

③ 若字符串 1 等于字符串 2,函数返回值是 0。

【题目分析】

本题通过程序设计验证字符串比较规则。

【参考代码】

```c
#include"stdio.h"
#include"string.h"
int main()
{
    int result;
    char str1[20],str2[20];
    printf("\n 请输入字符串 1:");
    scanf("%s",str1);
    printf("\n 请输入字符串 2:");
    scanf("%s",str2);
    result = strcmp(str1,str2);    // 比较两个字符串大小
    if (result == 0)
        printf("\n 字符串 1 和字符串 2 相等,结果为%d。",result);
    else if (result<0)
        printf("\n 字符串 1 小于字符串 2,结果为%d。",result);
    else
        printf("\n 字符串大于字符串 2,结果为%d。",result);
    return 0;
}
```

【运行结果】(实验图 8.3(a)、8.3(b)、8.3(c))

实验图 8.3(a)　程序运行结果

实验图 8.3(b)　程序运行结果

实验图 8.3(c)　程序运行结果

(4) 编写一个统计字符串字符数的函数 int strlength(char * s)。

【题目分析】

本题要求设计程序实现库函数 strlen 的功能,需要自定义函数 int strlength(char * s),形参使用指针变量形式具有更好的灵活性,字符串字符统计结束条件是 * s! = '\0'。

【参考代码】

```
#include"stdio. h"
int strlength(char * s);
int main()
{
    int n;
    char str[20];
    printf("请输入一个字符串:\n");
    gets(str);
    n = strlength(str);
    printf("字符串的字符个数是%d。\n",n);
    return 0;
}
int strlength(char * s)
{
    int n = 0;
    while( * s! = '\0')
    {
```

```
        n++;
        s++;
    }
    return (n);
}
```

【运行结果】(实验图 8.4)

实验图 8.4　程序运行结果

实验 9　结构体操作

1　实验目的

(1) 掌握结构体的定义、初始化和引用。
(2) 掌握结构体变量的使用方法。
(3) 掌握结构体数组的使用方法。
(4) 熟悉结构体指针的使用方法。

2　实验类型

★★设计型实验

3　实验学时

2 学时

4　实验内容

(1) ★★定义一个谜语结构体类型,设定一条喜欢的谜语实现该类型变量的初始化,输出该变量的值。

谜语结构体类型:

```
struct miyu
{
    int num;
    char riddle[50];
    char answer[50];
```

```
};
```

（2）★★定义一个学生信息结构体类型，输入 3 个学生信息，依次输出学生信息（要求使用结构体数组）。

学生信息结构体类型：

```
struct student
{
    char num[10];
    char name[20];
    int  age;
    char telephone[11];
};
```

（3）★★★定义一个学生 C 语言成绩信息结构体类型，并定义可存储 3 个学生成绩的此类型结构体数组，输入 3 个学生成绩，找出最高分学生姓名（要求使用结构体指针）。

学生 C 语言成绩信息结构体类型：

```
struct C_score
    {
        char name[20];
        int score;
    };
```

5　实验解析

（1）定义一个谜语结构体类型，设定一条喜欢的谜语实现该类型变量的初始化，输出该变量的值。

【题目分析】

本题主要考察结构体类型定义，结构体变量定义、初始化和使用的操作，结构体变量输出时每个成员都需要单独输出，不能一次性输出结构体变量值。

【参考代码】

```c
#include"stdio.h"
struct miyu
{
    int num;
    char riddle[50];
    char answer[50];
}m1 = {1,"水上工程,猜一个字.","汞"};
int main()
{
    printf("\n\t\t 第%d 个谜语\n",m1.num);
```

```
printf("\n\t\t 谜面:%s\n",m1.riddle);
printf("\n\t\t 谜底:%s\n",m1.answer);
return 0;
}
```

【运行结果】(实验图 9.1)

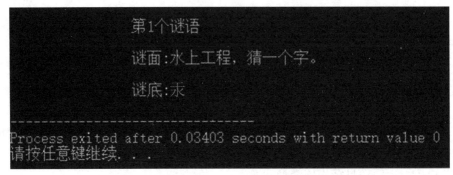

实验图 9.1　程序运行结果

(2) 定义一个学生信息结构体类型,输入 3 个学生信息,依次输出学生信息(要求使用结构体数组)。

【题目分析】

本题要求定义一个学生信息结构体类型,3 个学生信息存放在结构体数组中,每个结构体数组元素中的成员需要单独依次输入值和输出结果。

【参考代码】

```
#include"stdio.h"
struct student
{
    char num[10];
    char name[20];
    int   age;
    char telephone[11];
};
int main()
{
    struct student stu[3];
    int i;
    for(i=0;i<3;i++)
    {
        printf("\n\t\t 请输入第%d 个学生信息\n",i+1);
        printf("\n\t\t 学号:");
        scanf("%s",stu[i].num);
        getchar();
        printf("\n\t\t 姓名:");
```

```
            scanf("%s",stu[i].name);
            printf("\n\t\t 年龄:");
            scanf("%d",&stu[i].age);
            printf("\n\t\t 电话:");
            scanf("%s",stu[i].telephone);
        }
        printf("\n\n\t\t\t\t 学生信息\n\n");
        for(i=0;i<3;i++)
        printf("\t 学号:%s\t 姓名:%s\t 年龄:%d\t 电话:%s\n\n",stu[i].num,
stu[i].name,stu[i].age,stu[i].telephone);
        return 0;
    }
```

【运行结果】(实验图 9.2)

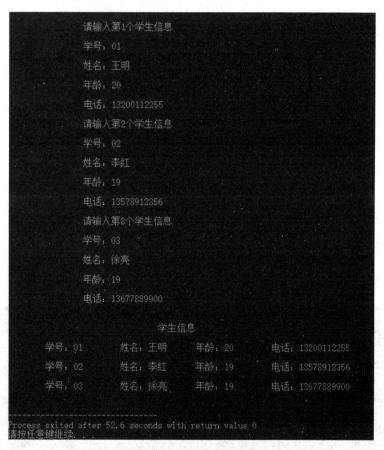

实验图 9.2　程序运行结果

(3) 定义一个学生 C 语言成绩信息结构体类型,并定义可存储 3 个学生成绩的此类型结构体数组,输入 3 个学生成绩,找出最高分学生姓名(要求使用结构体指针)。

【题目分析】

本题使用结构体指针指向结构体数组的形式,实现了 3 个学生成绩中查找最高分学生的位置操作,位置确定后可以从结构体数组元素中找到对应的学生姓名。

【参考代码】

```
#include"stdio.h"
struct C_score
{
    char name[20];
    int score;
}
    c[3],*p;


int main()
{
    int i,max_i=0;      // max_i:分数最高的学生的下标
    p=c;                // 结构体指针 p 指向结构体数组 c
    printf("\n 请输入 3 名学生成绩\n");
    for(i=0; i<3; ++i)
    {
        printf("\n 第%d 名学生姓名 成绩:",i+1);
        scanf("%s %d",c[i].name,&c[i].score);
        if((p+i)->score> p[max_i].score)
        // (p+i)->score 等价于 p[i].score 等价于 c[i].score
            max_i=i;
    }
    printf("\nC 语言成绩最高分的同学是:%s",c[max_i].name);
    return 0;
}
```

【运行结果】(实验图 9.3)

实验图 9.3　程序运行结果

实验 10 文 件 操 作

1 实验目的

（1）掌握文件的打开、读、写、关闭等基本操作。
（2）掌握常用的文件应用实例。

2 实验类型

★★设计型实验　★★★综合型实验

3 实验学时

2 学时

4 实验内容

（1）★★输入两个整数求和，并将这两个数以及它们的和追加保存到文本文件 test. txt 中。
（2）★★★从 data. txt 文本文件中读取若干整数，将其从小到大排序后写入 result. txt。
（3）★★★定义一个存储学生信息的结构体，将多个学生信息写入二进制文件。

5 实验解析

（1）输入两个整数求和，并将这两个数以及它们的和追加保存到文本文件 test. txt 中。

【题目分析】

本题是使用文件打开、写和关闭等基本操作实现的题目，需要先在源程序所在文件夹创建一个文本文件 test.txt，文件才能正常打开，否则文件打开失败，出现错误。

【参考代码】

```c
#include <stdio.h>
int main() {
    FILE * fp;
    int a,b;
    int sum;
    printf("请输入两个整数:");
    scanf("%d%d",&a,&b);
    sum = a + b;
    fp = fopen("test.txt","a");
    if (fp == NULL){
        printf("文件打开失败\n");
        return 1;
    }
    printf("和为:%d",sum);
    fprintf(fp,"%d,%d,%d\n",a,b,sum);
    fclose(fp);
    return 0;
}
```

【运行结果】(实验图 10.1)

实验图 10.1　程序运行结果

（2）从 data.txt 文本文件中读取若干个整数，将其从小到大排序后写入到 result.txt 文本文件中。

【题目分析】

本题先使用读文件操作读取了 data.txt 文件中的一组整数值，对这组整数使用冒泡排序算法进行从小到大顺序排列，然后将排序结果写入 result.txt 中。程序执行前需要在 C 源文件所在文件夹中创建 data. txt 文本文件,排序后结果写入新创建的 result. txt 文件中。

【参考代码】

```c
#include"stdio. h"
#include"stdlib. h"
#define MAX_SIZE 100
int main()
{
    FILE * fp1, * fp2;
    char filename1[] = "data. txt";
    char filename2[] = "result. txt";
    int data[MAX_SIZE];
    int i, j, n = 0;
    // 打开数据文件,读取数据
    fp1 = fopen(filename1, "r");
    if (fp1 = = NULL)
    {
        printf("文件打开失败! \n");
        return 1;
    }
    while (fscanf(fp1, "%d", &data[n]) = = 1)
        n + +;
    fclose(fp1);
    // 冒泡排序
    for (i = 0; i < n - 1; i + +)
    {
        for (j = 0; j < n - i - 1; j + +)
        {
            if (data[j] > data[j+1])
            {
                int temp = data[j];
                data[j] = data[j+1];
                data[j+1] = temp;
            }
        }
    }
    // 打开结果文件,写入排序后的数据
    fp2 = fopen(filename2, "w");
    if (fp2 = = NULL)
    {
        printf("文件打开失败! \n");
```

```
        return 1；
    }
    for (i=0；i＜n；i++)
        fprintf(fp2,"%d", data[i])；
    fclose(fp2)；
    printf("排序后的结果已写入文件%s\n"，filename2)；
    return 0；
}
```

【运行结果】(实验图 10.2)

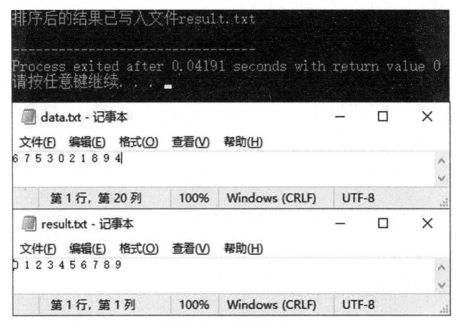

实验图 10.2　程序运行结果

(3) 定义一个存储学生信息的结构体,将多个学生信息写入二进制文件。

【题目分析】

本题是将多个结构体类型的学生信息写入二进制文件,使用的是常用文件操作,二进制文件直接打开无法查看实际内容,因此运行结果中文件内容部分只能看到写入了信息,无法看清信息的内容。

【参考代码】

```
#include"stdio. h"
#include"stdlib. h"
#define N 3
typedef struct
{
    int id；
    char name[20]；
    int score；
```

```
}
    student；

int main()
{
    FILE * fp；
    char filename[] = "data.dat"；
    student data[N] = {{1001,"张三",97},{1002,"李斯",83},{1003,"王武",88}}；
int i；
    // 以二进制写模式打开文件
    fp = fopen(filename,"wb")；
    if (fp = = NULL)
    {
        printf("文件打开失败! \n")；
        return 1；
    }
    // 写入数据
    for (i = 0; i < N; i + +)
    {
        fwrite(&data[i]，sizeof(student)，1，fp)；
    }
    // 关闭文件
    fclose(fp)；
    printf("已写入文件%s\n"，filename)；
    return 0；
}
```

【运行结果】(实验图 10.3)

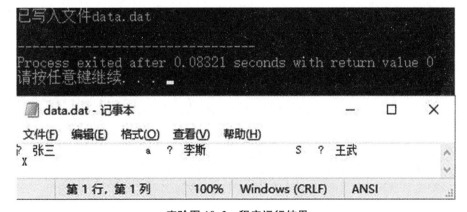

实验图 10.3　程序运行结果

第 4 部分
C 语言程序设计课程实训设计

案例 1　学生成绩管理系统

学生成绩管理系统是一个基于 C 语言的控制台应用程序,旨在帮助学校或教育机构轻松管理学生的课程成绩。该系统允许用户添加、编辑、查找和删除学生信息,以及录入、计算、显示和导出学生的成绩信息。

1　功能需求

(1) 添加学生信息:用户可以输入学生的姓名、学号、年龄等信息。

(2) 编辑学生信息:用户可以根据学号或姓名查找学生,并能够编辑学生的信息。

(3) 删除学生信息:用户可以通过学号或姓名查找学生,并将其从学生数据中删除。

(4) 录入成绩:用户可以输入学生的课程成绩,包括科目名称、分数等,并将其与学生信息关联。

(5) 显示学生成绩信息:用户可以查看学生的成绩单,包括姓名、学号、科目成绩等信息。

2　实现提示

(1) 使用结构体存储学生信息:创建一个学生结构体,包含姓名、学号、年龄等字段。

(2) 使用链表或数组存储学生信息:在程序中使用链表或数组,用于存储学生结构体。

(3) 使用函数实现各项功能:创建函数来实现添加学生、编辑学生、删除学生、录入成绩、显示成绩等功能。

(4) 使用文件操作实现数据的持久化:学生信息和成绩可以保存在文件中,以便下次运行程序时可以读取之前保存的数据。

(5) 使用循环和条件语句实现交互菜单:使用循环和条件语句让用户能够重复执行不同功能,以及根据用户输入做出相应的操作。

3　注意事项

（1）保证输入数据的合法性：在接受用户输入时，确保输入的数据合法有效，避免程序崩溃或数据损坏。

（2）提供友好的用户界面：控制台应用程序可以简单明了，但也要尽量提供友好的用户界面，方便用户使用。

（3）代码模块化：将不同功能的代码划分为模块，使用函数来实现，以提高代码的可读性和维护性。

4　参考代码

本程序使用结构体数组，实现了学生信息的添加、修改、删除、成绩的录入、显示、数据的保存等基本功能，可供读者参考。

```c
#include <stdio.h>
#include <stdlib.h>
#include <string.h>
#define MAX_STUDENTS 50              // 存储的最大学生数量
#define MAX_NAME_LENGTH 50           // 姓名的最大长度
#define MAX_COURSE_NAME_LENGTH 50    // 课程名称的最大长度
// 学生结构体
typedef struct {
    int id;                                  // 学号
    char name[MAX_NAME_LENGTH];              // 姓名
    int age;                                 // 年龄
    int num_courses;                         // 课程门数
    char course_names[MAX_STUDENTS][MAX_COURSE_NAME_LENGTH];
                                             // 课程名称
    int scores[MAX_STUDENTS];                // 对应的成绩
    float total_score;                       // 总分
    float average_score;                     // 平均分
} Student;

Student students[MAX_STUDENTS];     // 结构体数组，用于存储学生信息
int num_students = 0;               // 学生数
```

```c
// 添加学生
void addStudent() {
    if (num_students < MAX_STUDENTS) {
        Student new_student;
        printf("\n 请输入学号:");
        scanf("%d", &new_student.id);
        printf("请输入姓名:");
        scanf("%s", new_student.name);
        printf("请输入年龄:");
        scanf("%d", &new_student.age);
        new_student.num_courses = 0;
        new_student.total_score = 0;
        new_student.average_score = 0;
        students[num_students++] = new_student;
        printf("学生信息添加成功\n");
    } else {
        printf("学生信息已达最大数量,无法添加更多学生\n");
    }
}
// 编辑学生信息
void editStudent() {
    int id, found = 0;
    printf("\n 请输入要编辑学生的学号:");
    scanf("%d", &id);

    for (int i = 0; i < num_students; i++) {
        if (students[i].id == id) {
            printf("请输入新的姓名:");
            scanf("%s", students[i].name);
            printf("请输入新的年龄:");
            scanf("%d", &students[i].age);
            printf("学生信息编辑成功\n");
            found = 1;
            break;
        }
    }
    if (!found) {
        printf("未找到对应学生\n");
    }
}
```

```
// 删除学生
void deleteStudent() {
    int id, found = 0;
    printf("\n请输入要删除学生的学号:");
    scanf("%d", &id);
    for (int i = 0; i < num_students; i++) {
        if (students[i].id == id) {
            for (int j = i; j < num_students - 1; j++) {
                students[j] = students[j+1];
            }
            num_students--;
            printf("学生删除成功\n");
            found = 1;
            break;
        }
    }
    if (!found) {
        printf("未找到对应学生\n");
    }
}
// 录入成绩
void enterScores() {
    int id, found = 0;
    printf("\n请输入学号:");
    scanf("%d", &id);
    for (int i = 0; i < num_students; i++) {
        if (students[i].id == id) {
            int num_courses;
            printf("请输入要录入的课程数:");
            scanf("%d", &num_courses);
            for (int j = 0; j < num_courses; j++) {
                printf("请输入课程名称:");
                scanf("%s", students[i].course_names[j]);
                printf("请输入成绩:");
                scanf("%d", &students[i].scores[j]);
                students[i].total_score += students[i].scores[j];
            }
            students[i].num_courses = num_courses;
            students[i].average_score = students[i].total_score/num_courses;
            printf("成绩录入成功\n");
```

```c
                found = 1;
                break;
            }
        }

        if (! found) {
            printf("未找到对应学生\n");
        }
    }
}
// 显示学生信息
void displayStudents() {
    printf("\n 学生信息:\n");
    printf("- - - - - - - - - - - - - - - - - - - - - - - - -\n");
    printf("学号\t 姓名\t 年龄\t 课程数\t 成绩信息\n");
    printf("- - - - - - - - - - - - - - - - - - - - - - - - -\n");
    for (int i = 0; i < num_students; i + +) {
        printf("%d\t%s\t%d\t%d\t", students[i].id, students[i].name, students
[i].age, students[i].num_courses);
        for (int j = 0; j < students[i].num_courses; j + +) {
            printf("%s: %d\t", students[i].course_names[j], students[i].scores[j]);
        }
        printf("\n");
    }

    printf("- - - - - - - - - - - - - - - - - - - - - - - - -\n");
}
// 存盘功能,将所有信息保存为二进制文件
void saveData() {
    FILE * file = fopen("students.dat", "wb");
    if (! file) {
        printf("无法保存数据\n");
        return;
    }
    fwrite(&num_students, sizeof(int), 1, file);
    fwrite(students, sizeof(Student), num_students, file);
    fclose(file);
    printf("数据保存成功\n");
}
// 读取功能,从二进制文件读取数据
void loadData() {
```

```
        FILE * file = fopen("students.dat","rb");
        if (! file) {
            printf("找不到保存的数据,或者初次使用尚无数据! \n");
            return;
        }
        fread(&num_students, sizeof(int), 1, file);
        fread(students, sizeof(Student), num_students, file);
        fclose(file);
        printf("数据读取成功\n");
    }
    int main() {
        int choice;        // 存储用户选择的功能编号
        loadData();        // 程序启动时自动读取之前保存的数据
        while (1) {
            // 显示字符界面的功能菜单,供用户选择
            printf("\n - - - - - - - - 学生成绩管理系统 - - - - - - - - - ");
            printf("\n1.添加学生信息\n");
            printf("2.编辑学生信息\n");
            printf("3.删除学生\n");
            printf("4.录入成绩\n");
            printf("5.显示学生信息\n");
            printf("6.存盘\n");
            printf("7.退出\n");
            printf(" - - - - - - - - - - - - - - - - - - - - - - - - \n");
            printf("请选择操作(输入相应数字):");
            scanf("%d", &choice);

            switch (choice) {
                case 1:
                    addStudent();
                    break;
                case 2:
                    editStudent();
                    break;
                case 3:
                    deleteStudent();
                    break;
                case 4:
                    enterScores();
                    break;
```

```
            case 5:
                displayStudents();
                break;
            case 6:
                saveData();
                break;
            case 7:
                saveData();      // 退出前,自动保存数据
                printf("感谢使用学生成绩管理系统,再见! \n");
                exit(0);
            default:
                printf("无效的选择,请重新输入\n");
        }
    }
    return 0;
}
```

以下为程序的部分运行截图(实训图 1.1):

实训图 1.1 程序运行结果

5　功能扩展

读者可以调研实际需求,加入其他需要的功能,例如:

(1) 计算成绩:系统可以根据录入的成绩计算学生的总分和平均分。

(2) 显示成绩单:用户可以查看学生的成绩单,包括姓名、学号、科目成绩、总分和平均分等信息。

(3) 查询:可以根据各种条件进行查询,选出需要的信息。

(4) 导出成绩单:用户可以将学生的成绩单导出为文本文件,方便保存和分享。

(5) 成绩排序:添加成绩排序功能,按总分或平均分对学生进行升序或降序排序。

(6) 数据备份与恢复:添加数据备份和恢复功能,允许用户在需要时将数据备份到文件,并能够从备份文件中恢复数据。

(7) 成绩统计与分析:实现对学生成绩的统计和分析功能,比如计算全班平均分、及格率等。

(8) 数据加密:加入数据加密功能,确保学生的个人信息和成绩数据的安全性。

案例 2 图书管理系统

图书管理系统是一个基于 C 语言的控制台应用程序,旨在帮助图书馆或图书机构高效地管理图书的借阅和归还,以及图书信息的维护。该系统允许用户添加、编辑、查找和删除图书信息,并且能够处理图书的借阅和归还操作。

1 功能需求

(1) 添加图书信息:用户可以输入图书的书名、作者、ISBN(国际标准书号)、出版社等信息,并将其添加到图书数据中。

(2) 编辑图书信息:用户可以根据图书的 ISBN 或书名查找图书,并能够编辑图书的信息。

(3) 删除图书信息:用户可以通过图书的 ISBN 或书名查找图书,并将其从图书数据中删除。

(4) 查找图书:用户可以通过图书的 ISBN 或书名查找图书,并显示相关的图书信息。

(5) 借阅图书:用户可以借阅图书,输入借阅者的姓名和图书的 ISBN,系统记录借阅时间和归还期限。

(6) 归还图书:用户可以归还已借阅的图书,输入图书的 ISBN,系统记录归还时间。

(7) 显示借阅记录:用户可以查看借阅记录,包括借阅者姓名、图书信息、借阅时间、归还时间等信息。

2 实现提示

(1) 使用结构体存储图书信息:创建一个图书结构体,包含书名、作者、ISBN、出版社等字段。

(2) 使用链表或数组存储图书信息:在程序中使用链表或数组,用于存储图书结构体。

(3) 使用文件操作实现数据的持久化:图书信息和借阅记录可以保存在文件中,以便下次运行程序时可以读取之前保存的数据。

(4) 使用函数实现各项功能:创建函数来实现添加图书、编辑图书、删除图书、查找图书、借阅图书、归还图书、显示图书信息等功能。

（5）使用循环和条件语句实现交互菜单：使用循环和条件语句让用户能够重复执行不同功能，以及根据用户输入做出相应的操作。

3 注意事项

（1）保证输入的数据合法性：在接受用户输入时，确保输入的数据合法有效，避免程序崩溃或数据损坏。

（2）提供友好的用户界面：控制台应用程序可以简单明了，但也要尽量提供友好的用户界面，方便用户使用。

（3）代码模块化：将不同功能的代码划分为模块，使用函数来实现，以提高代码的可读性和维护性。

4 参考代码

本程序使用链表，实现了图书信息的添加、修改、删除、借阅归还信息的录入、图书信息的显示、数据的保存等基本功能，可供读者参考。

```c
#include <stdio.h>
#include <stdlib.h>
#include <string.h>

#define MAX_NAME_LENGTH 50
#define MAX_ISBN_LENGTH 13

// 图书信息结构体
typedef struct Book {
    char title[MAX_NAME_LENGTH];        // 书名
    char author[MAX_NAME_LENGTH];       // 作者
    char ISBN[MAX_ISBN_LENGTH];         // ISBN
    char publisher[MAX_NAME_LENGTH];    // 出版社
    float price;                        // 价格
    int borrowed;                       // 借阅状态
    char borrower[MAX_NAME_LENGTH];     // 借阅人姓名
    char borrow_date[11];               // 借阅日期
    char return_date[11];               // 待归还日期
    struct Book * next;                 // 指向下一个节点的指针
} Book;
```

```c
Book * head = NULL;     // 头指针,指向链表的头节点

// 函数原型
void addBook();         // 添加图书
void editBook();        // 编辑图书
void deleteBook();      // 删除图书
void borrowBook();      // 借阅图书
void returnBook();      // 归还图书
void displayBooks();    // 显示图书信息
void saveData();        // 保存数据
void loadData();        // 读取数据

int main() {
    int choice;         // 存储用户选择的功能编号
    loadData();         // 程序启动时自动读取之前保存的数据

    while (1) {
        // 显示字符界面的功能菜单,供用户选择
        printf("\n - - - - - - - - - 图书管理系统 - - - - - - - - - ");
        printf("\n1.添加图书\n");
        printf("2.编辑图书信息\n");
        printf("3.删除图书\n");
        printf("4.借阅图书\n");
        printf("5.归还图书\n");
        printf("6.显示图书信息\n");
        printf("7.存盘\n");
        printf("8.退出\n");
        printf(" - - - - - - - - - - - - - - - - - - - - - - - -\n");
        printf("请选择操作(输入相应数字):");
        scanf("%d", &choice);

        switch (choice) {
            case 1:
                addBook();
                break;
            case 2:
                editBook();
                break;
            case 3:
```

```
            deleteBook();
            break;
        case 4:
            borrowBook();
            break;
        case 5:
            returnBook();
            break;
        case 6:
            displayBooks();
            break;
        case 7:
            saveData();
            break;
        case 8:
            saveData();    // 退出前,自动保存数据
            printf("感谢使用图书管理系统,再见! \n");
            exit(0);
        default:
            printf("无效的选择,请重新输入\n");
        }
    }
    return 0;
}
// 添加图书
void addBook() {
    Book * new_book = (Book * )malloc(sizeof(Book));
    printf("\n 请输入书名:");
    scanf("%s", new_book - >title);
    printf("请输入作者:");
    scanf("%s", new_book - >author);
    printf("请输入 ISBN:");
    scanf("%s", new_book - >ISBN);
    printf("请输入出版社:");
    scanf("%s", new_book - >publisher);
    printf("请输入价格:");
    scanf("%f", &new_book - >price);
    new_book - >borrowed = 0;
    new_book - >next = head;
    head = new_book;
```

```
        printf("图书信息添加成功\n");
}


// 编辑图书
void editBook() {
    char isbn[MAX_ISBN_LENGTH];
    int found = 0;
    printf("\n请输入要编辑图书的 ISBN:");
    scanf("%s", isbn);
    Book * current = head;
    while (current ! = NULL) {
        if (strcmp(current->ISBN, isbn) == 0) {
            printf("请输入新的书名:");
            scanf("%s", current->title);
            printf("请输入新的作者:");
            scanf("%s", current->author);
            printf("请输入新的出版社:");
            scanf("%s", current->publisher);
            printf("请输入新的价格:");
            scanf("%f", &current->price);

            printf("图书信息编辑成功\n");
            found = 1;
            break;
        }
        current = current->next;
    }
    if (! found) {
        printf("未找到对应图书\n");
    }
}


// 删除图书
void deleteBook() {
    char isbn[MAX_ISBN_LENGTH];
    int found = 0;
    printf("\n请输入要删除图书的 ISBN:");
    scanf("%s", isbn);
    Book * current = head;
    Book * prev = NULL;
```

```
        while (current ! = NULL) {
            if (strcmp(current - >ISBN, isbn) = = 0) {
                if (prev = = NULL) {
                    head = current - >next;
                } else {
                    prev - >next = current - >next;
                }
                free(current);
                printf("图书删除成功\n");
                found = 1;
                break;
            }
            prev = current;
            current = current - >next;
        }

        if (! found) {
            printf("未找到对应图书\n");
        }
    }

    // 借阅图书
    void borrowBook() {
        char isbn[MAX_ISBN_LENGTH];
        int found = 0;

        printf("\n 请输入要借阅的图书的 ISBN:");
        scanf("%s", isbn);

        Book * current = head;

        while (current ! = NULL) {
            if (strcmp(current - >ISBN, isbn) = = 0) {
                if (current - >borrowed) {
                    printf("该图书已被借阅\n");
                } else {
                    printf("请输入借阅者姓名:");
                    scanf("%s", current - >borrower);
                    printf("请输入借阅日期(格式:yyyy - mm - dd):");
                    scanf("%s", current - >borrow_date);
```

```
                printf("请输入归还日期(格式:yyyy-mm-dd):");
                scanf("%s", current->return_date);

                current->borrowed = 1;
                printf("图书借阅成功\n");
            }
            found = 1;
            break;
        }
        current = current->next;
    }

    if (! found) {
        printf("未找到对应图书\n");
    }
}

// 归还图书
void returnBook() {
    char isbn[MAX_ISBN_LENGTH];
    int found = 0;

    printf("\n请输入要归还的图书的 ISBN:");
    scanf("%s", isbn);

    Book * current = head;

    while (current ! = NULL) {
        if (strcmp(current->ISBN, isbn) == 0) {
            if (current->borrowed) {
                printf("请输入归还日期(格式:yyyy-mm-dd):");
                scanf("%s", current->return_date);

                current->borrowed = 0;
                printf("图书归还成功\n");
            } else {
                printf("该图书未被借阅\n");
            }
            found = 1;
            break;
```

```
        }
        current = current->next;
    }

    if (! found) {
        printf("未找到对应图书\n");
    }
}

// 显示图书信息
void displayBooks() {
    Book * current = head;    // 当前节点指针,初始指向头节点

    printf("\n 图书信息:\n");
    printf("---------------------------------------------------------------\n");
    printf("书名\t\t 作者\tISBN\t\t 出版社\t\t 价格\t 状态\t 借阅者\t 借阅日期\t 归还日期\n");
    printf("---------------------------------------------------------------\n");

    while (current ! = NULL) {
        printf("%-12s\t%s\t%s\t%s\t%.2f\t%s\t%s\t%s\t%s\n",
                current->title, current->author, current->ISBN, current->publisher, current->price,
                current->borrowed ?"已借阅" :"未借阅",
                current->borrower,
                current->borrow_date,
                current->return_date);

        current = current->next;    // 当前指针指向下一个节点
    }

    printf("---------------------------------------------------------------\n");
}


// 存盘功能,将所有信息保存为二进制文件
void saveData() {
```

```
    FILE * file = fopen("books.dat","wb");
    if (file = = NULL) {
        printf("无法保存数据\n");
        return;
    }

    Book * current = head;
    int count = 0;

    while (current ! = NULL) {
        fwrite(current, sizeof(Book), 1, file);
        current = current - >next;
        count + + ;
    }

    fclose(file);
    printf("数据保存成功,共保存 %d 本图书\n", count);
}

// 读取功能,从二进制文件读取数据
void loadData() {
    FILE * file = fopen("books.dat","rb");
    if (file = = NULL) {
        printf("找不到保存的数据,或者初次使用尚无数据! \n");
        return;
    }

    Book * current = NULL;
    Book * prev = NULL;
    int count = 0;

    while (1) {
        current = (Book * )malloc(sizeof(Book));
        if (fread(current, sizeof(Book), 1, file) ! = 1) {
            free(current);
            break;
        }

        current - >next = NULL;
        if (prev ! = NULL) {
```

```
                    prev->next = current;
                } else {
                    head = current;
                }
                prev = current;
                count++;
            }

        fclose(file);
        printf("数据读取成功,共读取 %d 本图书\n", count);
    }
```

以下为程序的部分运行截图(实训图 2.1):

实训图 2.1　程序运行结果

5　功能扩展

读者可以调研实际需求,加入其他需要的功能,例如:

(1) 图书分类和索引:为图书添加分类和索引功能,方便用户根据不同的主题查找图书。

（2）借阅期限设置：允许管理员设置不同图书的借阅期限，并提醒逾期归还的情况。

（3）多用户支持：为不同的用户添加登录功能，区分图书管理员和普通用户，管理员拥有更高的权限。

（4）图书借阅排行榜：显示最受欢迎的图书借阅排行榜，根据借阅次数或借阅率排序。

（5）图书统计与分析：实现对图书馆中图书的统计和分析功能，比如不同分类图书的数量统计等。

（6）导出借阅记录：用户可以将借阅记录导出为文本文件，方便保存和备份。

第 5 部分
C++ 语言入门

第 1 章　C++ 基础

C++通常被读作"C加加",而西方的程序员通常读作"C plus plus""CPP"等。它支持过程化程序设计、数据抽象、面向对象程序设计、泛型程序设计等多种程序设计风格。它的应用领域涵盖了系统软件、应用软件、驱动程序、嵌入式软件、高性能的服务器与客户端应用程序和诸如电视游戏等娱乐软件,甚至用于其他编程语言的库和编译器也使用C++编写。

1.1　C++ 的特性

(1) 简单

C++是一种简单的编程语言,提供了丰富的数据类型、大量的库函数集即类库集等。

(2) 中级编程语言

C++既可以用于基于机器的底层编程,也支持高级语言的特性。所以既可以用系统级的开发,如系统内核开发、驱动程序开发等,也可以用于开发客户端应用等。

(3) 内存管理

它支持动态内存分配的特性。在C++语言中,可以通过调用free()函数随时释放分配的内存。

(4) 运行速度快

C++语言的编译和执行时间都非常快。

(5) 封装性

封装就是将数据和行为有机结合起来,形成一个整体。把数据和处理数据的操作结合形成类,数据和函数都是类的成员。

C++封装的类有以下3种访问类型:

① 公有(public):成员可以在类外访问;

② 私有(private):成员只能被该类的成员函数访问;

③ 保护(protected):成员只能被该类的成员函数或派生类的成员函数访问。

(6) 继承性

继承(inheritance)机制是面向对象程序设计使代码可以复用的最重要的手段,它允许程序员在保持原有类特性的基础上进行扩展,增加新的功能,产生新的类,称派生类。继承呈现了面向对象程序设计的层次结构,体现了由简单到复杂的认知过程。

(7) 多态性

通俗来说就是多种形态,具体点就是去完成某个行为,当不同的对象去完成时会产生出不同的状态。多态是在不同继承关系的类对象,去调用同一函数,产生了不同的行为。

1.2　命名空间(**namespace**)

命名空间(namespace):存在的意义是为了避免变量名、函数名、结构体名等一系列名称之间因相同而发生冲突。例如在计算机系统中,一个文件夹(目录)中可以包含多个文件夹,每个文件夹中不能有相同的文件名,但不同文件夹中的文件可以重名。

(1) 命名空间的定义

定义格式如下:

```
namespace 命名空间名称
{
    成员变量列表
    成员函数列表
    其他成员列表,如结构体等
}
```

定义命名空间,需要使用到 namespace 关键字,后面跟命名空间的名字,然后接一对{}即可,{}中即为命名空间的成员。一个命名空间就定义了一个新的作用域,命名空间中的所有内容都局限于该命名空间中。举例如下:

```
namespace myspace
{
    // 命名空间中可以定义变量/函数(方法)/类型
    int rand = 1;
    int add(int first, int second)
    {
        return first + second;
    }
    struct Node
    {
        struct Node * next;
        int value;
    };
}
```

命名空间可以嵌套定义,如下:

```
namespace space1
{
    int a;
    int b;
    int add(int first, int second)
    {
```

```
            return first + second；
        }
        namespace space2
        {
            int c；
            int d；
            int sub(int first，int second)
            {
                return first － second；
            }
        }
    }
```

(2) 命名空间的使用

① 方法 1：加命名空间名称及作用域限定符。

```
int main()
{
    int x = space1：：a = 1；
    int y = space1：：space2：：c = 2；
    cout＜＜space1：：add(x，y)＜＜endl；
    cout＜＜space1：：space2：：sub(x，y)＜＜endl；
}
```

程序输出：

3

－1

② 方法 2：引入命名空间。

格式：using namespace 命名空间名称；

举例如下：

```
using namespace space1；
int main()
{
    cin＞＞a；
    cout＜＜a＜＜endl；
    cin＞＞space2：：c；
    cout＜＜space2：：c＜＜endl；
}
```

以上代码引入了命名空间 space1，所以代码中的变量 a 就是 space1 空间中的变量 a，对于 space2 中的变量 c，则需要在 c 前面加 space2 名称，如果要想直接访问 c，引入 space2 命名空间即可：using namespace space1：：space2。

③ 方法 3：引入命名空间中的成员。

格式：using 命名空间名称：：成员；

举例如下：

```
using space1∷a;
int main()
{
    cin>>a;
    cout<<a;
}
```

这种方法可以防止命名冲突的问题，因为它只引入了一部分。

1.3　输入输出流

输入输出是数据传送的过程，C++中将此过程形象的称为流，C++中输入输出流是指由若干字节组成的序列，这些字节序列中的数据按顺序从一个对象传送到另一个对象。在输入操作时，字节流从输入设备流向内存；在输出操作时，字节流从内存流向输出设备。流中的内容可以是 ASCII 码值、二进制形式数据、数字音频视频、图形图像或者其他形式的信息。在 C++中，输入输出流被定义为类，C++的 I/O 库中的类为流类，用流类定义的对象称为流对象。

(1) 需要增加头文件

```
#include<iostream>
using namespace std;// 引用标准命名空间 std 中的所有成员
```

(2) 标准输入 cin(键盘)

如 cin>>a;其中>>是流提取操作符，与 cin 结合使用，可以将输入的值流入到定义的变量中。

(3) 标准输出 cout(控制台)

如 cout<<a;其中<<是流插入操作符，与 cout 结合使用，可以将所有要输出的变量或者字符串流入到 cout 中，让 cout 负责输出(此处 cout 可以理解为控制台)。

下面通过一个实例来了解 cin 和 cout 的使用。

```
#include<iostream>
using namespace std;
int main()
{
    int a=1;
    char b[] = "abcdef";
    double c=1.23;
    float d=0.1;
    cin>>d;
    cout<<a<<endl;
    cout<<b<<endl;
```

```
        cout<<c<<endl；
        cout<<d<<endl；
    }
```
注：endl 与 c 语言中的"\n"相同，输出回车换行符。

1.4 C++中的引用

引用是 C++中一个重要的语法，在后期应用非常广泛。相较于指针，它更加方便，也更好理解。

(1) 引用概念

引用不是新定义一个变量，而是给已存在变量取了一个别名，编译器不会为引用变量开辟内存空间，它和它引用的变量共用同一块内存空间。

引用的声明方法：类型 & 引用变量名（对象名）= 引用实体；

说明：引用的类型必须和实体的类型相同

```
# include 〈iostream〉
using namespace std；
int main()
{
    int a = 10；
    int& b = a；// 为 a 取别名叫 b
    cout<<a<<""<<b<<endl；
    b = 20；
    int& c = b；   // 为 b 取别名叫 c
    cout<<a<<""<<b<<""<<c<<endl；
    c = 30；
    cout<<a<<""<<b<<""<<c<<endl；
}
```

程序运行结果如下：

10 10

20 20 20

30 30 30

从运行结果可以看出这里分别给 a 取了两个别名 b 和 c，并且别名值的改变也会影响变量 a，因为别名本身代表的就是 a，同时这三个变量的地址都是同一地址，证明引用实体和引用变量共用同一块内存空间。

使用引用需要注意的问题：

① 引用在定义时必须初始化。

② 一个变量可以有多个引用。

③ 引用一旦引用了一个实体，就不能再引用其他实体。

（2）常引用

常引用的定义：被 const 修饰的引用就是常引用。常引用会涉及权限的问题：

① 权限放大，是不允许出现的情况。

const int a = 0;

int& ra = a;// 错误

② 权限缩小，允许。

int b = 0;

const int& rb = b;

③ 权限相同，运行。

onst int c = 0;

const int& rc = c;

从上面的三种权限情况来看，权限不允许扩大但是可以不变和缩小，在用引用做参数时，可以加 const 修饰来防止实参被修改。

（3）引用和指针的区别

① 引用在定义时必须初始化，指针没有要求。

② 引用在初始化时引用一个实体后，就不能再引用其他实体，而指针可以在任何时候指向任何一个同类型实体。

③ 没有 NULL 引用，但有 NULL 指针。

④ 引用自加即引用的实体增加 1，指针自加即指针向后偏移一个类型的大小。

⑤ 有多级指针，但是没有多级引用。

⑥ 访问实体方式不同，指针需要显式解引用，引用编译器自己处理。

⑦ 引用比指针使用起来相对更安全。

⑧ 在 sizeof 中含义不同：引用结果为引用类型的大小，但指针始终是地址空间所占字节个数（32 位平台下占 4 个字节）。

1.5　auto 关键字

auto 是 C++11 引进的关键字。C++11 中，标准委员会赋予了 auto 全新的含义，即 auto 不再是一个存储类型指示符，而是作为一个新的类型指示符来指示编译器，auto 声明的变量必须由编译器在编译时期推导而得。

使用 auto 定义变量时必须对其进行初始化，在编译阶段编译器需要根据初始化表达式来推导 auto 的实际类型。因此 auto 并非是一种"类型"的声明，而是一个类型声明时的"占位符"，编译器在编译期会将 auto 替换为变量实际的类型。

```
#include <iostream>
using namespace std;
int main(){
    auto x = 5.2;   // 这里的 x 被 auto 推断为 double 类型
    cout<<x<<endl;
```

```
    for（auto i＝1；i＜＝10；i＋＋）{
        cout＜＜i＜＜""；
    }
}
```

程序运行结果如下：

5.2

1 2 3 4 5 6 7 8 9 10

一般 auto 的使用场景有以下几种情况：

① auto 与指针结合起来使用：

int x＝10；

auto a＝&x；　　// 与 auto ∗ b＝&x；没有任何区别

② auto 与引用结合起来使用：

auto& c＝x；　　// 用 auto 声明引用类型时则必须加 &

③ 在同一行定义多个变量：

在同一行声明多个变量,这些变量必须是相同的类型,否则编译器将会报错。如：

```
void Test()
{
    auto a＝1, b＝2；
    auto c＝3, d＝4.0；　// 该行代码会编译失败,因为 c 和 d 的初始化表达式类型不
同
}
```

④ auto 在实际中最常见的优势用法就是跟以后会讲到的 C＋＋11 提供的新式 for 循
环,还有 lambda 表达式等进行配合使用。

1.6　基于范围的 for 循环语句

(1) 范围 for 的语法

在 C＋＋98 中如果要遍历一个数组,可以按照以下方式进行：

```
＃include〈iostream〉
using namespace std；
int main()
{
    int array[]＝{1, 2, 3, 4, 5}；
    int ∗ p＝NULL；
    for（p＝array；p ＜ array＋5；＋＋p）
        cout ＜＜ ∗ p ＜＜ endl；
    return 0；
}
```

对于一个有范围的集合仍需说明它的范围,这无疑是多余的,因此 C++11 引入范围 for 循环。for 循环后的括号由冒号":"将其分为两部分:第一部分是范围内用于迭代的变量,第二部分则表示被迭代的范围。":"前是循环变量,":"后面是循环范围,其结构如下:

```
for(变量:范围(或集合)){
    执行语句;
}
```

所以上面的程序可以使用范围 for 实现:

```
#include <iostream>
using namespace std;
int main()
{
    int array[] = {1, 2, 3, 4, 5};
    for (int x : array)
        cout << x << endl;
    return 0;
}
```

(2) 范围 for 的其他使用方法

① 与 auto 结合:

```
for (auto x : array)
        cout << x << endl;
```

② 与 auto 和引用相结合:

```
#include <iostream>
using namespace std;
int main() {
    int array[] = {1, 2, 3, 4, 5};
    for (auto& x : array)
        x += 10;
    for (auto x : array)
        cout << x << endl;
    return 0;
}
```

程序输出结果:

```
11
12
13
14
15
```

1.7 函数的缺省参数

缺省参数是声明或定义函数时为函数的参数指定一个默认值。在调用该函数时，如果没有指定实参则采用该默认值，否则使用指定的实参。

```
void test(int a = 20)
{
    cout << a << endl;
}
int main()
{
    test();    // 20
    test(10);  // 10
}
```

在主函数 main 中，两次调用的 test 函数，第一次调用没有参数，则 a 使用的是默认值20，所以输出结果为20；第二次调用 test 是，给定了实参值10，所以输出结果为10。

关于缺省参数有以下几种情况：

① 全缺省参数，即为函数的所有参数都设置一个默认参数，例如：

```
#include <iostream>
using namespace std;
void test(int a = 1, int b = 2, int c = 3) {
    cout << "a = " << a << endl;
    cout << "b = " << b << endl;
    cout << "c = " << c << endl;
}
int main() {
    test();
    test(10);
    test(10,20);
    test(10,20,30);
    return 0;
}
```

main()函数列出了四种可能的调用方式，这里需要注意的是：传进去的实参必须是从左向右传的，而且必须连续的。比如以下传参方法就是错误的：

```
test(,20,);// 不允许的情况
```

② 半缺省参数，即给出一部分参数的默认值，例如：

```
#include <iostream>
using namespace std;
```

```cpp
void test(int a, int b = 2, int c = 3) {
    cout << "a = " << a << endl;
    cout << "b = " << b << endl;
    cout << "c = " << c << endl;
}
int main() {
    test(10);
    test(10,20);
    test(10,20,30);
    return 0;
}
```

这里需要注意的是,半缺省参数必须只能从右向左依次给出,而且必须连续,不能间隔着给出。

1.8　函数重载

首先,以 C 语言实现 int、double、char 类型的比较大小函数为例:

```c
int max_int(int a,int b) { reurn a > b ? a : b;}
double max_double(double a,double b) { return a > b ? a : b;}
char max_char(char a,char b) { return a > b ? a : b;}
```

观察这些函数可以发现:

① 这些函数都执行了相同的一般性动作。

② 这些函数都返回两个形参中的最大值。

可以看出这样的代码不美观而且给程序设计带来了很多的不便。于是在 C++ 中提出了用一个函数名定义多个函数,也就是所谓的函数重载。

(1) 函数重载的定义

在 C++ 中可以为两个或两个以上的函数提供相同的函数名称,只要参数类型不同,或参数类型相同而参数的个数不同,称为函数重载。

```cpp
#include <iostream>
using namespace std;
// my_max + 参数表
int my_max(int a, int b) { // 两个参数
    return a > b ? a : b;
}
int my_max(int a, int b, int c) {// 三个参数
    return a > b ? a : b;
}
char my_max(char a, char b) {
```

```
        return a ＞ b ? a ：b；
    }
double my_max(double a，double b)｛
        return a ＞ b ? a ：b；
    }
// 每个同名函数的参数表是唯一的
int main()｛
        int iix = my(1,2)
        int ix = my_max(1,2,3)；
        double dx = my_max(1.2,3.4)；
        char chx = my_max('a','b')；
        return 0；
    }
```

程序运行结果如下：

2

3

3.4

b

可以看到定义了一个 my_max 函数来求多个不同类型数的最大值，在调用过程中系统会自动根据其实参的类型不同来实现准确调用。

(2) 函数重载的规则

规则如下：

① 函数名称必须相同。

② 参数列表必须不同(个数不同、类型不同、参数排列顺序不同等)。

③ 函数的返回类型可以相同，也可以不相同。

④ 仅仅返回类型不同不能成为函数的重载。

第2章　C++面向对象程序设计简介

类(class)和对象(object)是两种以计算机为载体的计算机语言的合称。对象是对客观事物的抽象,类是对对象的抽象。类是一种抽象的数据类型。它们的关系是,对象是类的实例,类是对象的模板。

类是 C++ 的核心特性,通常被称为用户定义的类型。

2.1　C++ 的类和对象

(1) 类的定义(声明)

C++兼容 C 语言,定义类既可以 struct 定义类,也可以 class 定义类,和 C 语言不同的是,C++ 中的 struct 可以在内部放置函数,当然除此以外两者定义出的类还有其他的区别。

class 类名// 或者 struct 类名
{
　　public：
　　　　公有成员变量的定义;// 属性
　　　　公有成员函数的定义;// 功能或动作
　　private：
　　　　私有成员变量的定义;// 属性
　　　　私有成员函数的定义;// 功能或动作
　　protected：
　　　　受保护的成员变量的定义;// 属性
　　　　受保护的成员函数的定义;// 功能或动作
};
下面以直角坐标系中的点的类定义来演示类的定义和使用。
① 第一种方法:在类的内部实现所有函数。
♯ include〈iostream〉
using namespace std;
class point {　　// 1.类名称:point
　　public：　// 2.成员的访问修饰符:public 公有的
　　　　void SetPoint(double x, double y) {
　　　　　　Point_x = x;
　　　　　　Point_y = y;

```
        }
        double getX() {
            return Point_x;
        }
        double getY() {
        return Point_y;
    }
    private： // 3.成员的访问修饰符：private 私有的
    double Point_x;// x 坐标
    double Point_y;// y 坐标
};

int main() {
    point p;// 4.定义 point 类的对象：p
    p.SetPoint(10，20);// 5.调用 point 类的公有函数：SetPoint
    cout << p.getX() <<"" << p.getY();
    return 0;
}
```

② 第二种方法：在类的内部声明函数，在类的外部实现。好处是可以实现代码分离，将类的声明保存于.h 文件，实现保存于.cpp 文件。

```
#include <iostream>
using namespace std;
class point {    // 1.类名称：point
    public：    // 2.成员的访问修饰符：public 公有的
        void SetPoint(double x, double y);
        double getX();
        double getY();
    private： // 3.成员的访问修饰符：private 私有的
        double Point_x;// x 坐标
        double Point_y;// y 坐标
};
// 注意使用【类名::】确定函数的归属
void point::SetPoint(double x, double y) {
    Point_x = x;
    Point_y = y;
}
double point::getX() {
    return Point_x;
}
double point::getY() {
```

```
        return Point_y；
}
int main() {
        point p；// 4.定义 point 类的对象：p
        p.SetPoint(10，20)；// 5.调用 point 类的公有函数：SetPoint
        cout << p.getX() <<"" << p.getY()；
        return 0；
}
```

两种方法的程序运行结果如下：

10 20

关于 class(类)的几点说明：

① 类的定义的最后有一个分号，它是类的一部分，表示类定义结束，不能省略。

② 一个类可以创建多个对象，每个对象都是一个变量。

③ 类成员变量的访问方法：通过"."或者"->"来访问。

④ 成员函数是类的一个成员，出现在类中，作用范围由类来决定，而普通函数是独立的，作用范围是全局或者某个命名空间。

struct：内部默认是 public 公有权限，结构体外部可以访问其内部成员。

class：内部默认是 private 私有权限，类的外部不能直接访问内部成员，可以手动声明为 public 公有权限。

⑤ 访问修饰符有以下三种：

public：公有属性，凡是在它下面声明的变量和函数，都可以在类的内部和外部访问。

private：私有属性，凡是在它下面声明的变量和函数，只能在类的内部访问。

protected：保护属性，凡是在它下面声明的变量和函数，只能在类的内部以及派生类(子类)中访问。

(2) 对象的定义

对象的定义，也称为类的实例化。定义类的对象，和定义基本数据类型的变量一样。常用的有以下三种方法：

① 方法 1：在类定义之后定义对象，结构如下：

```
class point{
        ...
};
point p1,p2；
```

② 方法 2：在定义类的同时定义对象，结构如下：

```
class point{
        ...
}p1,p2；
```

③ 方法 3：不给出类名，直接定义对象，结构如下：

```
class{
        ...
} p1,p2；
```

直接定义对象在 C++ 中是合适的,但是不常用,不建议使用。

(3) 构造函数

构造函数是一个特殊的成员函数,名字与类名相同,创建类类型对象时由编译器自动调用,保证每个数据成员都有一个合适的初始值,并且在对象的生命周期内只调用一次。

其特征如下:

① 函数名与类名相同。

② 无返回值。

③ 对象实例化时编译器自动调用对应的构造函数。

④ 构造函数可以重载。

一般构造函数定义为 public 访问权限,如下所示:

格式:类名(){函数体;}。

举例如下:

```cpp
#include <iostream>
using namespace std;
class point {        // 1.类名称:point
    public:      // 2.成员的访问修饰符:public 公有的
        point() {}// 3.无参数构造函数
        point(double x, double y) {// 4.有参数构造函数
            Point_x = x;
            Point_y = y;
        }
        void SetPoint(double x, double y) {
            Point_x = x;
            Point_y = y;
        }
        double getX() {
            return Point_x;
        }
        double getY() {
            return Point_y;
        }
    private:
        double Point_x;// x 坐标
        double Point_y;// y 坐标
};
int main() {
    point p0;// 5.调用无参构造函数初始化对象 p
    p0.SetPoint(10,20);
    cout << p0.getX() <<"" << p0.getY()<<endl;
    point p1(30,40);// 6.调用有参构造函数初始化对象 p
```

```
    cout << p1.getX() <<"" << p1.getY()<<endl;
    return 0;
}
```

上面 point 类定义了两个构造函数 point()和 point(int x,int y),main()函数定义的对象 p0 没有指定参数则编译器自动调用的是无参构造函数 point(),p1 定义时同时给出了参数(30,40),所以编译器自动调用有参数构造方法 point(int x,int y)。

此处需注意,如果类中没有显式定义构造函数,则 C++编译器会自动生成一个无参的默认构造函数 point(){},一旦用户显式定义自己的构造函数,编译器将不再生成。

(4) 拷贝构造函数

拷贝构造函数是构造函数的一种重载形式,它可以用来创建一个与已存在的对象一模一样的新对象。对于拷贝构造,它只有单个形参,且该形参必须是对本类类型对象的引用,因为要引用,所以要加 const 修饰。

格式:类名(const 类名 &){函数体;}

举例如下:

```
point(const point& p){
    Point_x = p.getX();
    Point_y = p.getY();
}
```

其特征如下:

① 拷贝构造函数的参数若使用传值方式编译器直接报错,因为会引发无穷递归调用。

② 若未显式定义,编译器会生成默认的拷贝构造函数。默认的拷贝构造函数对象在内存存储中按字节序完成拷贝,这种拷贝叫作浅拷贝,或者值拷贝。

③ 编译器生成的默认拷贝构造函数已经可以完成字节序的值拷贝了。

(5) 析构函数

析构函数是特殊的成员函数,其功能是对象在销毁时会自动调用析构函数,完成类的一些资源清理工作。

格式:~类名(){函数体;}

其特征如下:

① 析构函数名是在类名前加上字符"~"。

② 无参数无返回值。

③ 一个类有且只有一个析构函数(若未显式定义,系统会自动生成默认的析构函数)。对象生命周期结束时,C++编译系统系统自动调用析构函数。

在 public 下面给 point 类增加析构函数如下:

~point(){}

因为 point 类的对象销毁时没有善后处理的内容,所以 point 类可以不用析构函数。

(6) this 指针

在 C++中,this 指针是一个特殊的指针,它指向当前对象的实例。当一个成员函数被调用时,系统自动向该函数传递一个隐含的参数,指向调用该函数的对象指针,名为 this,从而使用成员函数知道该对哪个对象进行操作。

下面的实例有助于更好地理解 this 指针的概念:

```cpp
#include <iostream>
using namespace std;
class point {
    public:
    point() {}
    point(double Point_x, double Point_y) {// 函数参数名称与类成员变量名称相同
        this->Point_x = Point_x;
        this->Point_y = Point_y;
    }
    void SetPoint(double Point_x, double Point_y) {// 函数参数名称与类成员变量
名称相同
        this->Point_x = Point_x;
        this->Point_y = Point_y;
    }
    double getX() {
        return Point_x;
    }
    double getY() {
        return Point_y;
    }
    private:
        double Point_x;// x 坐标
        double Point_y;// y 坐标
};
int main() {
    point p0;
    p0.SetPoint(10, 20);
    cout << p0.getX() <<"" << p0.getY() << endl;
    return 0;
}
```

以上代码执行输出结果如下：

10 20

以上的代码中,构造函数 point(int Point_x, int Point_y)与普通成员函数 void Set-
Point(int Point_x, int Point_y)中的参数名称与类成员变量相同,函数体中的 this 可以明
确指出访问的 Point_x 和 Point_y 是类成员变量而不是函数参数。

2.2　继承

继承(inheritance)机制是面向对象程序设计中使代码可以复用的最重要的手段,它允许程序员在保持原有类特性的基础上进行扩展,增加功能。这样产生的新类,称派生类(或子类),被继承的类称基类(或父类)。继承呈现了面向对象程序设计的层次结构,体现了由简单到复杂的认知过程。之前接触的复用都是函数复用,继承是类设计层次的复用。继承代表了 is a 关系。例如,哺乳动物是动物,狗是哺乳动物,因此,狗是动物等等。

(1) 单继承

格式:

class 派生类名:继承方式(默认为 private)基类名

{

　　〈派生类类体〉

};

格式说明:

① 继承类型:当一个类派生自基类,该基类可以被继承为 public、protected 或 private 几种类型。其中 protected 或 private 继承几乎不使用,通常使用 public 继承。

② 当使用不同类型的继承时,遵循以下几个规则:

公有继承(public):当一个类派生自公有基类时,基类的公有成员也是派生类的公有成员,基类的保护成员也是派生类的保护成员,基类的私有成员不能直接被派生类访问,但是可以通过调用基类的公有和保护成员来访问。

保护继承(protected):当一个类派生自保护基类时,基类的公有和保护成员将成为派生类的保护成员。

私有继承(private):当一个类派生自私有基类时,基类的公有和保护成员将成为派生类的私有成员。

举例:首先定义点类,然后派生出圆类。

第一步:基类点的定义如下:

```cpp
class point {
    protected:
        double x;
        double y;
    public:
        point(double _x, double _y): x(_x), y(_y) {}
        double getX() {
            return x;
        }
        double getY() {
```

```
            return y;
        }
};
```

代码说明：point 的成员变量 x,y 定义为 protected 访问权限，这样子类就可以直接访问 x,y。

第二步：派生类圆的定义如下：

```
class circle: public point {
    private:
        double radius;
    public:
        circle(double x, double y, double r): point(x, y), radius(r) {}
        circle(double r): point(0, 0), radius(r) {}
        double getArea() {
            return 3.14 * radius * radius;
        }
        void printCenterOfCircle() {
            cout<<"圆心为:("<<x<<","<<y<<")"<<endl;
        }
};
```

代码说明：circle 类公有继承 point 类，则 point 类的 protected 和 public 成员也是 circle 的成员。所以定义的 printCenterOfCircle()成员函数可以直接访问 point 类的 x 和 y 成员变量。

第三步：测试，代码如下：

```
int main() {
    circle c(11, 1, 10);
    c.printCenterOfCircle();
    cout <<"面积 = "<<c.getArea()<<endl;
    return 0;
}
```

以上代码执行输出结果如下：

圆心：(11,1)

面积 = 314

(2) 多继承

格式：

class 〈派生类名〉:〈继承方式 1〉〈基类名 1〉,〈继承方式 2〉〈基类名 2〉,…

```
{
    〈派生类类体〉
};
```

举例:在上例的基础上增加一个 table 基类,属性为高度 height,在 circle 类和 table 类基础上派生出圆桌类 CircleTable。

第一步:增加 table 类,代码如下:

```cpp
class table {
    protected:
        double height;
    public:
        table(double h): height(h) {};
        double getHeight() {
            return height;
        }
};
```

第二步:使用多继承方式派生圆桌类 CircleTable,代码如下:

```cpp
class CircleTable:public circle,public table{
    private:
        string color;// 颜色
    public:
        CircleTable(double r,double h,string c):circle(r),table(h),color(c){}
        string getColor(){
            return color;
        }
};
```

第三步:测试,代码如下:

```cpp
int main() {
    CircleTable rt(0.8,1.2,"黑色");
    cout<<"圆桌属性数据:"<<endl;
    cout<<"高度:"<<rt.getHeight()<<endl;
    cout<<"面积:"<<rt.getArea()<<endl;
    cout<<"颜色:"<<rt.getColor()<<endl;
    return 0;
}
```

以上代码执行输出结果如下:

圆桌属性数据:

高度:1.2

面积:2.0096

颜色:黑色

2.3　类的应用练习

（1）练习1：创建一个学生类（成员变量：年龄、姓名；成员方法：年龄输入、年龄输出）。注意在一个类中必须有输入与输出。

（2）练习2：设计一个立方体类，求出立方体的面积（$2ab+2ac+2bc$）和体积（abc），并且判断两个立方体是否相等。

（3）练习3：设计一个圆形类和一个点类，计算点和圆的关系。

第 6 部分
习题与模拟

第1章 创建简单 C 程序

1 选择题

(1) C 语言是一门计算机_____语言。

A. 低级　　　　B. 高级　　　　C. 机器　　　　D. 汇编

(2) C 语言是一门面向_____的、抽象化的通用程序设计语言。

A. 实例　　　　B. 程序　　　　C. 对象　　　　D. 过程

(3) C 语言诞生于美国的_____实验室,是从 B 语言为基础发展而来。

A. 贝尔　　　　B. 贝儿　　　　C. 语言设计　　　　D. 语言开发

(4) C 语言可移植性好,性能高,能够直接访问硬件地址,而且寻址时间非常短,这使得 C 语言非常适合开发操作系统或者嵌入式_____。

A. 应用程序　　B. 硬件系统　　C. 集成电路　　D. 共享组件

(5) Dev-C++ 是一款_____软件,遵守 GPL 许可协议分发源代码。

A. 商用　　　　B. 自由　　　　C. 应用　　　　D. 分享

(6) _____年 8 月国内开发者 royqh1979 开发的小熊猫 Dev-C++ 发布的 6.7.5 版本进行了大量的修正和改进。

A. 2019　　　　B. 2020　　　　C. 2021　　　　D. 2022

(7) _____是 C 程序的基本单位。

A. 语句　　　　B. 变量　　　　C. 函数　　　　D. 字节

(8) 每一个 C 程序都有且只有_____个主函数。

A. 1　　　　B. 2　　　　C. 3　　　　D. 4

(9) 主函数定义部分由一对_____括起来,表示函数的定义范围。

A. 双引号　　　B. 小括号　　　C. 中括号　　　D. 大括号

(10) C 语言中的注释有_____种。

A. 1　　　　B. 2　　　　C. 3　　　　D. 4

2 填空题

(1) 1989 年推出了第一个完备的 C 标准,简称"_____",也就是"ANSI C"。

(2) C 语言的控制语句有_____种。

(3) C 语言的关键字有_____个。

(4) printf 库函数使用前,需要在程序最前面应用编译预处理命令＃include"_____"。

(5) 除注释外,程序中的符号如分号、括号等,都必须是英文_____(全/半)角符号。

（6）C 语言包含＿＿＿＿＿＿＿个运算符，赋值和括号等都作为运算符使用，因此 C 程序的表达式类型和运算符类型非常丰富。

（7）Dev－C++ 是＿＿＿＿＿＿＿（Windows/OS/安卓）环境下的一个轻量级 C/C++集成开发环境（IDE）。

（8）小熊猫 Dev－C++ 开发环境包括多页面窗口、＿＿＿＿＿＿＿编辑器以及调试器等。

（9）＿＿＿＿＿＿＿是 C 程序的基本单位。

（10）函数的内部是由一条条的 C 语句组成的，每条 C 语句都以＿＿＿＿＿＿＿结束。

3　判断题

（1）C 语言是程序设计语言中学习人数最多，最热门的计算机程序语言之一。（　　　）

（2）C 语言是非编译型语言，比 Java 或者 Python 等编译型语言执行速度更快。（　　　）

（3）C 语言使用简易的编译方式，能够处理低级存储器，并能用少量的机器语言实现高效率运行，因而受到广泛关注。（　　　）

（4）C 语言是一种结构化语言，它有着清晰的层次，可按照模块的方式编写程序。（　　　）

（5）C 程序数据封装性强的特点使其在数据的安全性上有着很大优势。（　　　）

（6）Dev－C++ 遵循 C++11 标准，但不兼容 C++98 标准。（　　　）

（7）小熊猫 Dev－C++ 的工程编辑器中集合了编辑器、编译器、连接程序和执行程序。（　　　）

（8）C 程序是程序开发者与计算机之间传递信息的媒介。（　　　）

（9）关键字是集成开发环境定义好的、具有特定功能的词汇。（　　　）

（10）C 语言中字符的大小写没有区别的。（　　　）

4　程序设计题

（1）编写显示学校专业名称的程序。

（2）编写显示"＊＊＊＊＊＊＊＊＊＊＊"的程序。

第2章 顺序结构程序设计

1 选择题

(1) 荷兰计算机科学家艾兹格·W.迪科斯彻在_____年提出了结构化程序设计理念。

A. 1956   B. 1965   C. 1982   D. 1990

(2) C语言有_____种程序控制结构。

A. 1   B. 2   C. 3   D. 4

(3) _____是土地、劳动力、资本、技术之后的第五大生产要素。

A. 数据   B. 程序   C. 计算机语言   D. 人工智能

(4) 以下不属于基本数据类型的是_____。

A. 整型   B. 浮点型   C. 字符串型   D. 字符型

(5) 下列自定义标识符正确的是_____。

A. ax_2   B. a−b   C. 2sum   D. ＄12

(6) 以下正确的实型常数是_____。

A. 10e−1.2   B. 0.05   C. 2e3.1   D. e7

(7) 若变量 a,b 已定义,以下合法的赋值语句是_____。

A. a＝5＋2＝4＋1;

B. a＝n%2.5;

C. a＋n＝i＋j;

D. a＝b＝5;

(8) 符号常量使用编译预处理命令中_____命令定义一个标识符,该标识符代表一个常量。

A. 头文件   B. 编译条件   C. 宏定义   D. 结构体

(9) _____是三目运算符。

A. 逻辑与运算符   B. 条件运算符   C. 逗号运算符   D. 加赋值运算符

(10) printf 函数格式控制字符串包含有_____符和普通字符。

A. 转义   B. 数据类型   C. 数据控制   D. 数据占位

2 填空题

(1) _____化程序设计采用自顶向下、逐步求精的设计方法。

(2) _____结构是三种控制结构中最简单最基本的一种。

(3) double 的数据类型是_____型。

(4) C 语言中,有单目、_____目和三目运算符。

(5) _____是指在程序运行过程中其值不会改变的量。

(6) 设 x 和 y 均为 int 型变量,且 x=1,y=2,则表达式 1.0+x/y 的值为_____。

(7) _____是指程序运行过程中用于保存数据而在内存中开辟的空间。

(8) 长整型数据在内存中存储占_____个字节。

(9) scanf 函数要求多个数据输入时之间的间隔符有:_____、制表符和换行符。

(10) 输出函数 printf 的数据占位符中标志符号主要有_____种。

3　判断题

(1) 结构化程序设计的原则可表示为:程序=(算法)+(数据结构)。(　　　)

(2) 数据是可识别的、具体的符号。(　　　)

(3) 在 C 语言中整数只能表示为十进制数的形式。(　　　)

(4) 字符常量的值是该字符的 ASCII 码值,范围为 0—128。(　　　)

(5) 长度为 n 个字符的字符串常量,在内存中占用 n+1 个字节的存储空间。(　　　)

(6) 整型数据转换为字符型时只取对应二进制数的低 8 位。(　　　)

(7) 同一个程序在不同编译环境下的结果一定是相同的。(　　　)

(8) getchar 函数的功能是接收从键盘输入的一个字符。(　　　)

(9) 语句 printf("%c",'a'+5);的输出结果为 'f'。(　　　)

(10) C 语言中宏名必须用大写字母表示。(　　　)

4　程序设计题

(1) 在屏幕上显示一个文字菜单模样的图案:

```
================================
        1 输入数据     2 修改数据
        3 查询数据     4 打印数据
================================
```

(2) 输入华氏温度 h,输出摄氏温度 c(转换公式 c=5.0/9×(h-32))。

(3) 从键盘上输入圆柱半径 r 和高 h,编写程序计算圆柱体积 V 并输出。

(4) 输入三角形三条边的边长,求三角形的面积。

第 3 章 选择结构程序设计

1 选择题

(1) 根据不同情况在程序实现上有_____种基本的选择结构。
A. 1   B. 3   C. 5   D. 7

(2) 以下关系运算符中等于运算符是_____。
A. = =   B. =   C. = !   D. &

(3) C 程序中判断 char 型变量 c1 是否为大写字母的表达式是_____。
A. 'A'<= c1<= 'Z'
B. (c1>= 'A')&(c1<= 'Z')
C. (c1>= 'A')&&(c1<= 'Z')
D. (c1>= 'A')and(c1>= 'Z')

(4) 若 a = 3,b = -4,则条件表达式 a>b? b++ :a+1 的值为_____。
A. -3   B. -4   C. 3   D. 4

(5) _____是将多条 C 语句用花括号括起来,在使用时相当于一条 C 语句。
A. if 语句   B. switch 语句   C. 复杂语句   D. 复合语句

(6) switch 语句中条件判断表达式是_____。
A. 逻辑表达式   B. 算术表达式   C. 常量表达式   D. 关系表达式

(7) if 语句的规定是:else 总是与_____配对。
A. 其之前最近的 if
B. 第一个 if
C. 缩进位置相同的 if
D. 其之前最近且不带 else 的 if

(8) 以下关于 switch 结构和 break 语句的描述中,正确的是_____。
A. 在 switch 结构中必须使用 break 语句
B. break 语句只能用于 switch 结构中
C. 在 switch 结构中,可根据需要用或不用 break 语句
D. break 语句是 switch 结构的一部分

(9) 执行下列程序段后,x,y 和 z 的值分别为_____。
int x = 10,y = 20,z = 30;
if(x>y) z = x;x = y;y = z;
A. 10,20,30   B. 20,30,10   C. 20,30,30   D. 20,30,20

(10) _____语句是将多条 C 语句用花括号(或称大括号)括起来,在使用时相当于一

条 C 语句。

　　A. 组合　　　　　B. 复合　　　　C. 结构　　　　D. 分支

2　填空题

　　(1) 选择结构根据不同应用情况主要分为_____分支结构、双分支结构和多分支结构。

　　(2) 逻辑值"真"用整数_____表示。

　　(3) _____表达式可以看作简单的双分支结构形式。

　　(4) 一个分支执行结束时,使用_____语句结束执行 switch 语句结构。

　　(5) 若 a = 1,b = 2,c = 3,则执行表达式(a>b)&&(C++)后,c 的值为_____。

　　(6) 若有 int i = 1,j = 7,a;执行 a = i + (j%4! = 0);后,a 的值是_____。

　　(7) 逻辑非的结合方向是_____。

　　(8) 条件判断表达式的计算结果一般是_____值。

　　(9) _____语句,主要用于条件判断表达式是常量表达式,其结果是一个常量值,不同值对应执行不同分支操作的情况。

　　(10) 关系运算符主要有_____种。

3　判断题

　　(1) 选择结构是最简单、最基本的控制结构。(　　)

　　(2) C 语言提供了 2 种选择语句结构。(　　)

　　(3) 条件判断表达式只能是关系表达式和逻辑表达式。(　　)

　　(4) C 语言中用非零值表示逻辑值"真"。(　　)

　　(5) if 语句分支结构中可以有多条 C 语句。(　　)

　　(6) switch 语句分支中可以使用多条 C 语句。(　　)

　　(7) 关系表达式是以关系运算符和操作数组成的序列。(　　)

　　(8) 复合语句结束需要加上分号。(　　)

　　(9) case 后的常量表达式的值不能相同,否则会出现错误。(　　)

　　(10) ASCII 值小于 32 的是控制字符。(　　)

4　程序设计题

　　(1) 键盘输入一个箱子长、宽、高的值(值为整型),判断并输出该箱子是立方体还是长方体。

　　(2) 输入三个整数值,判断是否能够构成三角形。

　　(3) 输入一个年份判断是否是闰年。

　　(4) 编写一个简单的出租车计费程序,当输入行程的总里程时,输出乘客应付的车费(车费保留一位小数)。计费标准具体为起步价 10 元/3 千米,超过 3 千米,每千米费用为 1.2 元,超过 10 千米以后,每千米的费用为 1.5 元。

第 4 章　循环结构程序设计

1　选择题

(1) _____语句结构主要使用确定的循环次数控制循环体语句的执行。

A. for　　　　B. while　　　　C. do-while　　　　D. 以上都不对

(2) 循环结构包含三个要素:循环变量、循环体语句和循环_____条件。

A. 判断　　　B. 逻辑　　　　C. 起始　　　　　D. 终止

(3) for 语句结构中表达式 1 一般为_____语句。

A. 复合　　　B. 循环体　　　C. 赋值　　　　　D. 条件判断

(4) for 语句结构中三个表达式之间用_____分开。

A. 分号　　　B. 逗号　　　　C. 双引号　　　　D. 冒号

(5) 以下选择项中与 while(x)中 x 作用一致的是_____。

A. x=0　　　B. x=1　　　　C. x!=0　　　　　D. x!=1

(6) while 语句结构中循环条件判断表达式的值在执行过程中一直为真,这种情况称为_____。

　　A. 真循环　　　B. 假循环　　　C. 活循环　　　　D. 死循环

(7) do-while 语句结构中条件判断表达式后需要添加_____。

A. 空格　　　B. 分号　　　　C. 冒号　　　　　D. 句号

(8) 循环结构中又包含循环结构,称为_____。

A. 循环添加　　B. 循环包含　　C. 循环嵌套　　　D. 循环重复

(9) 在循环结构中,_____语句通常与 if 语句结构组合应用,即满足条件时结束循环。

A. continue　　B. break　　　C. switch　　　　D. for

(10) 循环结构 for(i=0;i<10;i++) i++;执行结束后,i 的值是_____。

A. 0　　　　　B. 9　　　　　C. 10　　　　　　D. 11

2　填空题

(1) 循环结构中循环体语句是_____条 C 语句。

(2) for 语句循环条件为_____(填写逻辑值)时,循环结束。

(3) _____语句,主要使用循环条件控制循环体语句的执行。

(4) _____语句,先执行一次循环体语句,后判断循环条件控制循环体语句执行。

(5) while 语句结构中的条件判断表达式一般是_____表达式或逻辑表达式。

(6) while 语句结构中_____语句需包含条件控制语句。

(7) 结构在执行条件判断表达式之前,需要先执行_____次循环体语句。

(8) 循环条件为表达式 getchar()!＝'\n',其作用是输入_____时循环结束。

(9) 循环嵌套可以多层,如果只有两个循环结构嵌套,外层称为外循环,内层称为_____循环。

(10) 在循环结构中使用_____语句的作用是结束本层本次循环。

3　判断题

(1) 循环结构是一种很重要的程序控制结构形式。(　　)

(2) 循环体语句是多条 C 语句时,需要使用组合语句形式。(　　)

(3) while 和 do-while 的循环体语句结构中条件控制语句作用是调整条件判断表达式的值,使其值趋近并最终为假,从而结束循环。(　　)

(4) 使用条件判断控制循环过程的程序结构中,do-while 语句和 while 语句功能是一样的,并可以相互转换使用。(　　)

(5) do-while 语句结构至少要执行一次循环体语句。(　　)

(6) 使用循环嵌套时同一循环中不同层次循环结构可以使用相同的循环控制变量。(　　)

(7) 在循环结构中使用 break 语句的作用是结束本层循环。(　　)

(8) for 语句、while 语句和 do-while 语句结构中都可以使用 continue 语句。(　　)

4　程序设计题

(1) 输出九九乘法表。

(2) 百马百担问题:有大马、中马和小马共 100 匹,要驮 100 担货物,其中 1 匹大马可以驮 3 担货物,1 匹中马可以驮 2 担货物,2 匹小马驮 1 担货物,请问大马、中马和小马可以有多少种组合?

(3) 兔子繁殖问题:有一对兔子,从出生后第 3 个月起每个月都生一对兔子。小兔子长到第 3 个月后每个月又生一对兔子,假如所有的兔子都不死,问第 n 个月时的兔子总数是多少对?

第 5 章　模块化程序设计

1　选择题

(1) 一个 C 程序的执行是从_____。

A. main 函数开始，直到 main 函数结束

B. 第一个函数开始，直到最后一个函数结束

C. 第一个函数开始，直到最后一个语句结束

D. 第一个语句开始，直到最后一个函数结束

(2) 函数_____的类型是由在定义函数时所指定的函数类型决定的。

A. 实参　　　B. 形参　　　　C. 返回值　　　　　D. 数据

(3) 函数类型省略时默认为_____类型。

A. float　　　B. int　　　　C. void　　　　　D. double

(4) 在 C 程序中，自定义函数之间的关系是_____的，允许函数间嵌套调用。

A. 有主次　　　B. 调用和被调用　C. 平行　　　　　D. 先后

(5) 变量的_____是指变量在程序中的有效作用范围，也就是作用空间。

A. 定义　　　B. 作用域　　　C. 类型　　　　　D. 有效性

(6) 关于函数的定义，下列说法错误的是_____。

A. 返回值类型用于限定函数返回值的数据类型。

B. 参数类型用于限定函数调用时传入的参数的数据类型。

C. return 关键字用于返回函数的返回值。

D. return 关键字不可以省略。

(7) 在函数调用时，以下说法正确的是_____。

A. 函数调用后一定有返回值

B. 实际参数和形式参数可以同名

C. 函数间的数据传递不可以使用全局变量

D. 主调函数和被调函数总是在同一个文件里

(8) 以下正确的函数定义形式是_____。

A. double fun(int x,int y)　　　B. double fun(int x;int y)

C. double fun(int x,y)　　　　D. double fun(int x;y)

(9) 在源文件中定义的全局变量的作用域为_____。

A. 本文件的全部范围

B. 本程序的全部范围

C. 本函数的全部范围

D. 从定义该变量的位置开始至本文件结束为止

(10) 在函数内部用 static 声明的变量为_____局部变量。

A. 寄存器　　　　B. 动态　　　　　　C. 静态　　　　　　　D. 外部

2　填空题

(1) _____函数是由 C 语言系统提供，用户可在编译预处理命令中申明该函数的头文件后直接调用。

(2) _____函数是用户按照一定格式自行编写的实现某种功能的函数。

(3) 若函数无返回值，则用空类型来定义函数的返回值，空类型的关键字是_____。

(4) 自定义函数可以没有形式参数，但_____不能省略。

(5) 函数体有两个组成部分：语句组和_____语句。

(6) 递归调用主要有两种情况：直接调用函数本身和_____调用函数本身。

(7) 根据变量的作用域不同，变量划分为_____变量和局部变量。

(8) 函数调用语句 fun((exp1, exp2, exp3), (exp4? exp5:exp6))中含有_____个实参。

(9) _____参数是主调函数中用于向形参传递数据的参数。

(10) 全局变量也称为_____变量。

3　判断题

(1) main()函数是 C 程序的核心，有且仅有一个。(　　　)

(2) 一个 C 程序中允许出现同名的自定义函数。(　　　)

(3) 递归调用是函数嵌套的特殊形式。(　　　)

(4) 一个 C 程序中不同函数内同名的局部变量，互相独立互不影响，且占用不同内存单元。(　　　)

(5) C 程序中，在函数内部定义的变量称为全局变量。(　　　)

(6) C 程序中，有些自定义函数使用前可以不声明，但一定要定义。(　　　)

(7) 定义函数时，其形参类型必须一对一声明。(　　　)

(8) 函数的定义可以嵌套。(　　　)

(9) 局部变量只存在于定义它的函数运行过程中，函数执行结束局部变量不消失。(　　　)

(10) 整数类型的全局变量通常默认初值为 0。(　　　)

4　程序设计题

(1) 已知三角形的三边长 a，b，c，利用海伦公式求该三角形的面积(要求：海伦公式部分请使用函数实现)。

(2) 编写函数，求一个数 n 的阶乘，n 为键盘输入的正整数。

(3) 编写函数，判断一个数字是否为素数，"是"则返回字符串 Yes，"否"则返回字符串 No。

(4) 一个小朋友爬楼梯每一步只能跨一级或两级或三级台阶，要爬一段楼梯(台阶数量需要键盘输入确定)，请将第一级台阶到输入台阶数量的走法数量依次放到列表中并输出。

第6章 指针操作

1 选择题

(1) 内存是一个以_____为单位的连续的存储空间。

A. 位　　　　　B. 字节　　　　　C. 字长　　　　　D. 个

(2) 变量的指针,其含义是指该变量的_____。

A. 值　　　　　B. 地址　　　　　C. 名　　　　　D. 一个标志

(3) int 类型的变量占_____个字节的内存空间。

A. 1　　　　　B. 2　　　　　C. 4　　　　　D. 8

(4) 在 C 语言中,定义一个指针变量需要用到"_____"运算符。

A. *　　　　　B. &　　　　　C. $　　　　　D. !

(5) 有函数定义:int func(int a,int b){} 则下列选项中,指向 func 函数的指针定义正确的是_____。

A. int * p = func;　　　　　　　C. int (* p) = func;

B. int * p(int,int) = func;　　　　D. int (* p)(int,int) = func;

(6) 下列指针定义中,有问题的指针是_____。

A. int * p1 = 0; int * p2 = NULL;

B. int x = 10;int * p = NULL; p = &x;

C. int * p;

D. void * p;

(7) 函数定义:void func(int * p) { return * p; },该函数的返回值为_____。

A. 不确定的值　　　　　　　C. 形参 p 所指存储单元中的值

B. 形参 p 中存放的值　　　　D. 形参 p 的地址值

(8) 语句 int * p;说明了_____。

A. p 是指向 int 型数据的指针

B. p 是指向一维数组的指针

C. p 是指向函数的指针,该函数返回一 int 型数据

D. p 是函数名,该函数返回一指向 int 型数据的指针

(9) 定义变量 int * p,a = 1;p = &a;下列选项中,结果都是地址的是_____。

A. a,p, * &a

B. & * a , &a, * p

C. * &p, * p,&a

D. &a,& * p,p

（10）＿＿＿＿＿＿＿变量的主要作用是允许程序员通过地址来访问和修改变量的值。

A. 静态　　　　　B. 地址　　　　　C. 动态　　　　　　D. 指针

2　填空题

（1）内存中每个字节都有一个唯一的编号，这个编号就称为内存＿＿＿＿＿＿＿。

（2）地址运算符是＿＿＿＿＿＿＿。

（3）printf 函数输出地址数据时格式字符为＿＿＿＿＿＿＿。

（4）指向函数的指针也是一种指针变量，可以用来存储函数的＿＿＿＿＿＿＿，从而实现对函数的调用。

（5）设有如下代码，int x，＊p＝&x;，则 & ＊ p 相当于＿＿＿＿＿＿＿。

（6）未初始化的或已被释放的指针称为＿＿＿＿＿＿＿。

（7）动态分配了内存，但不释放，会形成＿＿＿＿＿＿＿。

（8）在 C 语言中，函数可以返回指针类型的值，这种函数被称为"返回＿＿＿＿＿＿＿的函数"。

3　判断题

（1）指针变量就是用来存放内存地址的变量，不管哪种数据类型变量的内存地址都是用 4 个字节来存储。（　　　）

（2）指针变量的值是不可以改变的。（　　　）

（3）返回指针值的函数在 C 语言中被广泛使用，可以用于动态内存分配、链表、字符串等场景。（　　　）

（4）指针可以用于动态内存分配，程序员可以根据实际需要在程序运行时随机分配内存。（　　　）

（5）指针就是内存地址，通过指针可以访问内存中存储的数据。（　　　）

（6）指针变量的数据类型决定了指针的步长（即加 1 或减 1 时变化的字节数）大小。（　　　）

（7）一个指针变量指向一个变量，指针变量的地址和该变量的地址是一样的。（　　　）

（8）指针悬挂是指指针指向的内存空间已经被释放或者不可用，但程序员仍然在使用这个指针进行操作，这种操作会导致程序出现不可预知的行为。（　　　）

4　程序设计题

（1）输入两个整数，使用指针实现交换两个数指向的操作。

（2）输入两个整数赋给变量 a，b，使用指针操作，将大的数放到 a 中，小的数放到 b 中。

第 7 章　数　组　操　作

1　选择题

(1) 数组名和下标组成数组的分量,称为数组_____。

A. 值　　　　　B. 元素　　　　　C. 表达式　　　　　D. 引用

(2) 对一维数组 a 中所有元素进行初始化,正确的是_____。

A. int a[10] = (0,0,0,0);

B. int a[10] = {};

C. int a[] = (0);

D. int a[10] = {10 * 2}

(3) 数组定义时数组元素个数值的要求是_____。

A. 确定值　　B. 可变值　　　C. 可省略　　　　D. 0

(4) 数组是一组具有相同数据类型的数据,这组数据在内存中存放的位置是_____的。

A. 相关联　　B. 确定　　　　C. 离散　　　　D. 连续

(5) 引用数组元素时,数组下标的数据类型描述正确的是_____。

A. 整型常量和整型变量

B. 整型变量和整型表达式

C. 整型常量或整型表达式

D. 任何类型的表达式

(6) 以下关于数组的描述正确的是_____。

A. 数组可以有不同类型的数组元素

B. 数组所有数组元素的类型必须相同

C. 数组所有数组元素的类型必须不相同

D. 数组元素类型由初始化时所赋值确定

(7) 二维数组定义:int a[][2] = {1,2,3,4,5};等价于_____。

A. int a[2][2] = {1,2,3,4,5};

B. int a[3][2] = {1,2,3,4,5};

C. int a[5] = {1,2,3,4,5};

D. 定义错误

(8) 以下对二维数组 c 的声明,正确的是_____。

A. int c[3][ ];

B. int c(3,4);

C. int c[2,2];

D. int c[3][2];

(9) 定义 int a[20];,则对数组元素的正确引用是_____。

A. a[20]　　　B. a[3.5]　　　C. a(5)　　　　D. a[10-10]

(10) 数组下标数值从_____开始。

A. 0　　　　　B. 1　　　　　C. 2　　　　　D. 3

2　填空题

(1) 数组下标可以是常量、_____、表达式或者函数等。

(2) 定义:int a[10];则 a 数组元素的下标上界是_____。

(3) 二维数组元素在内存中的存储顺序是先按_____进行存放。

(4) 数组_____是数组的首地址。

(5) 若定义:int a[3][4]={{4},{5},{6}};则 a[2][0]的值为_____。

(6) 在语句 int a[5]={3,4,5,6,7},*p=a;中 *(++p)的值是_____。

(7) 若定义:int a[3][4]={{1},{2},{3}};则 a[1][1]的值为_____。

(8) 用数组名作为函数参数是地址传递方式,地址传递是_____(单向/双向)传递。

3　判断题

(1) 数组名的命名规则同一般变量的命名规则一样,且不能与其他变量名或者数组名重名。(　　)

(2) 数组定义时类型说明符只能是基本数据类型。(　　)

(3) 在 C 语言中二维数组元素在内存中的存放顺序是由用户自己决定的。(　　)

(4) 如果将数组的首地址赋给一个指针变量,这个指针变量将指向这个数组,指针和数组将建立起相互关联的模式。(　　)

(5) 若定义:int a[][4]={0,0};,则二维数组 a 的第一维大小为 0。(　　)

(6) C 语言中,定义如下:int a[10], *p=&a[0],i;对任意一个元素均可以用以下四种形式表示:a[i],p[i], *(a+i), *(p+i),其中 i>=0&&i<10 。(　　)

(7) 整型数组不能整体输入或整体输出,只能对其数组元素进行输入和输出。(　　)

(8) 一维数组 a 中下标为 i 的元素可以用 *(a+i)来引用。(　　)

4　程序设计题

(1) 键盘输入一组值到一维数组中,然后将数组中的值逆序存放。

(2) 定义一个 4×4 矩阵,任意输入矩阵元素后,计算主副对角线元素之和并输出。

(3) 输入 10 个不同数值的整数,分别使用冒泡法和选择法给这组数按照从小到大的顺序排序。

第8章 字符串操作

1 选择题

(1) 字符类型数据在计算机中以_____的形式存储。

A. 二进制　　　B. 八进制　　　　C. ASCII 码　　　　D. BCD 码

(2) 在转义字符中,退格符是_____。

A. \n　　　　　B. \t　　　　　　C. \f　　　　　　　D. \b

(3) C 程序中,判断 char 型变量 c1 是否为大写字母的表达式是_____。

A. 'A'<=c1<='Z'

B. (c1>='A')&(c1<='Z')

C. (c1>='A')&&(c1<='Z')

D. (c1>='A')and(c1<='Z')

(4) 程序段:

```
char str[20];
scanf("%s",str);
puts(str);
```

输入:I am testing.

程序运行后输出的结果为_____ 。

A. I

B. I am testing

C. I am testing.

D. 无答案

(5) 程序:

```
#include   "stdio. h"
int main()
{
char a1 = 'M' ,a2 = 'm' ;
printf("%c\n",(a1,a2));
return 0;
}
```

正确的是_____。

A. 程序输出大写字母 M

B. 程序输出小写字母 m

C. 程序输出 M－m 的差值

D. 程序运行时产生错误信息

(6) 测字符串长度函数是_____。

A. strlen()　　B. strcpy()　　　C. strcat()　　　　D. strcmp()

(7) 判断两个字符串 s1 和 s2 是否相等,应当使用_____。

A. if(s1＝＝s2)

B. if(s1＝s2)

C. if(strcmp(s1,s2)＝0)

D. if(strcmp(s1,s2)＝＝0)

(8) 定义:char a[4][2];二维数组 a 在内存中占_____个字节。

A. 2　　　　　B. 4　　　　　C. 6　　　　　D. 8

(9) 定义:char ch,＊p;,下列语句正确的是_____。

A. ch＝&p　　B. p＝&ch　　C. p＝＊ch　　D. ＊p＝ch

(10) 有程序段:

char s[ ]＝"I am testing.";

char ＊p;

p＝s;

则下面叙述正确的是_____。

A. ＊p 与 s[0]相等

B. s 和 p 完全相同

C. s 数组长度和 p 所指向的字符串长度相等

D. 数组 s 中的内容和指针变量 p 中的内容相同

2　填空题

(1) 字符类型数据主要包括两大类:字符和_____。

(2) 已知字母 A 的 ASCII 码为十进制数 65,变量 ch1 为字符型,则执行语句 ch1＝'A'＋'4'－'2';后,ch1 中的值是_____。

(3) 字符串结束的标志符是_____。

(4) 定义:char s[12]＝"string";,则 printf("%d",strlen(s));的输出是_____。

(5) 字符串比较函数是_____。

(6) 字符指针是指向字符数据的指针_____。

(7) 字符串"university"在内存中占_____个字节。

(8) strcpy 函数对应的头文件是_____。

3　判断题

(1) 字符变量的类型说明符是 char。(　　)

(2) C 语言中有字符串常量,也有字符串变量。(　　)

(3) 定义 char ch[10]＝{"goodbye"};,则 ch 的存储占用 7 个字节。(　　)

（4）语句 printf("%c",'a' + 5);的输出结果为'f'。（   ）

（5）strcpy 函数是字符串拷贝函数。（   ）

（6）字符指针不能指向字符串常量。（   ）

（7）strlen("\\0abc\0ef\0g")的返回值是 5。（   ）

（8）两个字符串大小比较的原则是字符个数多的比字符个数少的字符串大。（   ）

4　程序设计题

（1）编写一个程序，用于统计字符串"ab2b3n5n2n67mm4n2"中字符'n'出现的次数。

（2）数字中文大写转换数字问题：键盘输入数字中文大写形式，转换成数字，并将中文大写形式和数字输出。

第 9 章　结构体操作

1　选择题

（1）结构体（struct）类型是一种_____，可以实现不同数据类型的数据关联。
A. 数据结构　　　　B. 数据聚合　　　C. 数据联合　　　D. 数据框架

（2）引用结构体变量中成员时，需要使用_____运算符。
A. 算术　　　　　　B. 关系　　　　　C. 成员　　　　　D. 逗号

（3）有以下语句：

struct student

{

int a;

int b;

}stu;

则下面的叙述正确的是_____。
A. student 是结构体定义的关键字
B. struct student 是用户定义的结构体类型
C. stu 是用户定义的结构体类型名
D. a 和 b 都是结构体变量

（4）下列关于结构体变量操作中正确的是_____。

struct student{

　　char num[10];

char name[20],sex;

　　int age;

};

A. stu2 = {"2022001","GaoPing",'M',18};
B. struct student stu1 = {"2022002","LiNing",'M',19};
C. if (stu1 = = stu2);
D. printf("%10s %20s %c %3d",stu1);

（5）定义结构体类型同时定义结构体数组并初始化时有_____种方式。
A. 1　　　　　　　　B. 2　　　　　　　C. 3　　　　　　　D. 4

（6）定义的结构体指针可以指向_____结构体类型的变量或数组。
A. 其他已定义　　　B. 其他未定义　　C. 非　　　　　　D. 相同

2 填空题

(1) _____是定义结构体类型的关键字。

(2) 结构体成员运算符具有_____(左/右)结合性。

(3) 定义多个结构体变量时,用间隔符是_____。

(4) 定义结构体类型同时定义结构体数组并初始化时可以按照结构体数组_____初始化。

(5) 结构体指针定义的一般形式:struct 结构体类型名_____结构体指针名;。

(6) 结构体指针 p 指向结构体变量的成员 score 时,可表示为_____。

3 判断题

(1) 结构体类型定义后,可以直接使用。(   )

(2) 结构体类型变量成员中字符数组可以使用"="直接赋值,例如: stu. num = "2001060120"。(   )

(3) 结构体的成员可以作为变量使用。(   )

(4) 不可以把一个结构体变量作为一个整体进行输入和输出操作。(   )

(5) 结构体数组中每一个数组元素都是一个结构体变量。(   )

(6) 系统分配给一个结构体变量的存储空间大小是该结构体中第一个成员的存储字节数。(   )

4 程序设计题

(1) 把一个学生的信息(学号:1001、姓名:李林、性别:男、住址:青岛市崂山区)放在一个结构体变量中。

(2) 然后输出这个学生的信息,分 4 行显示。

(3) 输入学生的人数 n(n≤100),然后再输入每位学生的分数(score)和姓名(name),求获得最高分数的学生的姓名。

第 10 章　文　件　操　作

1　选择题

(1) C 语言可以处理的文件类型是_____。

A. 文本文件和应用程序

B. 文本文件和二进制文件

C. 应用程序和二进制文件

D. 所有文件类型都可以

(2) C 语言中可以用以下哪个函数关闭文件_____。

A. feof　　　　　B. fend　　　　　C. fclose　　　　　D. fexit

(3) 下列函数,哪个可以将数据以二进制形式存入文件_____。

A. fprintf()　　B. fputc()　　　C. fread()　　　D. fwrite()

(4) 若要"以读/写模式建立一个新的文本文件",在 fopen 函数中应使用的文件方式是_____。

A. "w+"　　　　　B. "rb+"　　　　C. "ab+"　　　　　D. "wb+"

(5) 下面对文件的描述正确的是_____。

A. 用"r"方式打开的文件只能向文件写数据

B. 用"R"方式可以在打开同时新建一个文件

C. 用"w"方式打开的文件能用于向文件写数据,且该文件可以不存在

D. 用"a"方式可以打开不存在的文件

(6) 下列关于文件打开方式"w"和"a"错误描述的是_____。

A. 都可以向文件中写入数据

B. 以"w"打开方式打开的文件从文件头写入数据

C. 以"a"打开方式从文件末尾写入数据

D. 它们都不清除文件内容

(7) 若执行 fopen 函数时发生错误,则函数的返回值是_____。

A. 地址　　　　　B. 1　　　　　C. 2　　　　　　D. NULL

(8) 对文件随机读写时,语句 fseek(fp,100L,SEEK_END)的含义是_____。

A. 将 fp 所指向的文件的位置指针移动至距文件首 100 个字节

B. 将 fp 所指向的文件的位置指针移动至距文件尾 100 个字节

C. 将 fp 所指向的文件的位置指针移动至距当前位置指针的文件首方向 100 个字节

D. 将 fp 所指向的文件的位置指针移动至当前位置的文件尾方向 100 个字节

(9) rewind()函数的作用,下列描述正确的是_____。

A. 使位置指针返回到文件的开头

B. 将位置指针指向文件中的特定位置

C. 使位置指针指向文件的末尾

D. 使位置指针移至下一个字符位置

(10) 若 fp 是某文件的指针,且已读到文件的末尾,则函数 feof(fp)的返回值是_____。

A. EOF　　　　　B. -1　　　　　C. 非零值　　　　　D. NULL

2　填空题

(1) fopen 函数的返回值类型是_____。

(2) _____函数用来获取当前文件指针的位置。

(3) 在 C 语言中,标准输入是_____,标准输出是_____。

(4) _____函数用来关闭已打开的文件。

(5) 当顺利执行了文件关闭操作时,fclose()的返回值是_____。

(6) 若要以二进制追加方式打开文件 test.dat,则打开文件的语句为 fopen("test.txt", "_____")。

3　判断题

(1) 一个文件指针可以指向多个文件。(　　　)

(2) C 语言中文件是流式文件,因此只能顺序存储数据。(　　　)

(3) 打开一个文件并进行写操作后,原有文件的数据一定会被覆盖。(　　　)

(4) 用 fopen 函数打开文件后,只能顺序存取。(　　　)

(5) 用"a"(追加)模式打开文件时,文件可以不存在。(　　　)

(6) 打开文件写入完成后,必须将文件关闭,否则可能会造成数据丢失。(　　　)

(7) fgets 函数的功能是从一个二进制文件中读取一个字符串。(　　　)

(8) 调用 fopen 函数后,如果操作失败,函数返回值是 EOF。(　　　)

4　程序设计题

(1) 在 D 盘根目录下创建一个文本文件 test1.txt,并在文件中写入字符串"hello world"。

(2) 斐波那契数列Ⅱ有一分数序列:2/1,3/2,5/3,8/5,13/8,21/13…求出这个数列的前 20 项之和并写入文本文件 test2.txt 中。

模 拟 题 1

1 单选题

（1）以下叙述错误的是_____。

A. 自定义函数通过 return 语句传回函数值

B. 自定义函数可以有多个 return 语句

C. C 语言规定函数的调用必须有返回值

D. C 语言的函数返回值类型可以为 int 型

（2）执行以下程序段后，a 的值为_____。

int * p,a = 2,b = 1;

p = &a;

a = * p + b;

A. 3   B. 4   C. 2   D. 编译出错

（3）下面能正确赋值的是_____。

A. ch1 = 'xy';

B. ch1 = 'x';

C. ch1 = "xy";

D. ch1 = "x";

（4）逗号表达式（a = 2 * 3,a * 4）,a + 5 的值是_____。

A. 6   B. 10   C. 11   D. 不能确定

（5）引用数组元素时，数组下标的表示形式是_____。

A. 整型常量和整型变量

B. 整型变量和整型表达式

C. 整型常量或整型表达式

D. 任何类型的表达式

（6）下列关于 long、int、short 数据类型在编译系统中占用内存大小的叙述正确的是__
_____。

A. 均占用 4 个字节

B. 根据数据的大小来决定会占用内存的字节数

C. 由用户自己定义

D. 由 C 语言编译系统决定

（7）若 a,b 均为 int 型变量,x,y 均为 float 型变量,正确的输入函数是_____。

A. scanf("%d%f",&a,&b);

B. scanf("%d%f",&a,&x);

C. scanf("%d%d",a,b);

D. scanf("%f%f",x,y);

(8) 以下程序的输出结果是_____。

```
#include"stdio.h"
int main( )
{   int a=12,b=12;
    printf ("%d %d\n", - -a,b+ +);
    return 0;
}
```

A. 11 13   B. 11 12   C. 12 13   D. 12 12

(9) C语言规定:else 子句总是与_____配对。

A. 缩进位置相同的 if

B. 同一行上的 if

C. 其之后最近的 if

D. 其之前最近且未配对的 if

(10) 以下关于 switch 结构和 break 语句的描述中,正确的是_____。

A. 在 switch 结构中必须使用 break 语句

B. break 语句只能用于 switch 结构中

C. 在 switch 结构中,可根据需要用或不用 break 语句

D. break 语句是 switch 结构的一部分

(11) 下面程序的运行结果是_____。

```
#include "stdio.h"
int main()
{
    int y=7;
    for (;y>0;y- -)
    {
        printf("%d", - -y);
        continue;
    }
    return 0;
}
```

A. 7531   B. 6420   C. 741   D. 630

(12) 数组名和指针变量均表示地址,以下说法不正确是_____。

A. 数组名代表的地址值不变,指针变量存放的地址可变

B. 数组名代表的存储空间长度不变,但指针变量指向的存储空间长度可变

C. A 和 B 的说法均正确

D. A 和 B 的说法均不正确

(13) 下列程序:

```
#include "stdio. h"
int main()
{
int x[2]={0},i;
for(i=0;i<3;i++)
scanf("%d",&x[i]);
printf("%3d%3d\n",x[0],x[1]);
}
```

输入:2

　　4

　　6

则输出结果为_____。

A. 0　2　　　　B. 2　4　　　　　C. 2　0　　　　　D. 0　4

(14) 在源文件中定义的全局变量的作用域为_____。

A. 本文件的全部范围

B. 本程序的全部范围

C. 本函数的全部范围

D. 从定义该变量的位置开始至本文件结束为止

(15) 下面对文件的描述正确的是_____。

A. 用"r"方式打开的文件只能向文件写数据

B. 用"R"方式可以在打开同时新建一个文件

C. 用"w"方式打开的文件能用于向文件写数据,且该文件可以不存在

D. 用"a"方式可以打开不存在的文件

2　填空题

(1) C语言是结构化程序设计语言,主要由顺序结构、分支结构和_____结构,三种结构组成。

(2) C程序经过编译后生成的目标文件扩展名为_____。

(3) C语言中,若程序中使用 sqrt 函数,则在程序中应该引用的头文件名是_____。

(4) 已知字母 A 的 ASCII 码为十进制数65,变量 ch1 为字符型,则执行语句 ch1 = 'A' + '4' - '2';后,ch1 中的值是_____。

(5) 设 x 和 y 均为 int 型变量,且 x=1,y=2,则表达式 1.0+x/y 的值为_____。

(6) 设 a=4,b=5 则表达式 max=a>b ? a : b 的值为_____。

(7) 若定义:char s[12]= "string";,则 printf("%d",strlen(s)); 的输出是_____。

(8) 若定义:int a[3][4]={{4},{5},{6}};,则 a[2][0]的值为_____。

(9) 在语句 int a[5]={3,4,5,6,7}, * p=a;中, * (++p)的值是_____。

(10) C语言中_____命令可以实现文件包含功能。

3 判断题

(1) 常量根据基本数据类型分为:整型常量、实型常量、字符常量、字符串常量。(　　)

(2) 语句 printf("%c", 'a' + 5);的输出结果为'f'。(　　)

(3) 字符串常量是指用一对单引号括起来的一串字符。(　　)

(4) 在 C 语言中整数只能表示为十进制数的形式。(　　)

(5) getchar 函数的功能是接收从键盘输入的一个字符。(　　)

(6) 执行程序段:int x = 3;printf("%d",&x);,则会报错,无法输出结果。(　　)

(7) if 语句的基本形式:if(表达式) 语句,其中"表达式"必须是关系表达式。(　　)

(8) 当执行以下程序段时:x = 5;do{ x = x * x;}while(x< = 25);循环体只执行了一次。(　　)

(9) 若定义 int a[][4] = {0,0};,则二维数组 a 的第一维大小为 0。(　　)

(10) 调用函数 strlen("\\0abc\0ef = 0g")的返回值是 8。(　　)

(11) 从变量作用域的角度看,变量可分为静态变量和动态变量。(　　)

(12) C 语言中宏名必须用大写字母表示。(　　)

(13) 通过变量名或地址访问一个变量的方式称为直接访问方式。(　　)

(14) C 程序中允许不同函数中定义同名动态变量,因为它们代表不同的对象。(　　)

(15) 打开一个文件并进行写操作后,原有文件的数据一定会被覆盖。(　　)

4 程序设计题

(1) 定义一个 4×4 矩阵,任意输入矩阵元素后,计算主副对角线元素之和并输出。

(2) 编写程序输出所有水仙花数,并统计水仙花数的个数。说明:水仙花数是一个 3 位数的自然数,该数各位上数的立方和等于该数本身。

(3) 分段函数如下:

$$y = |x|; x < 1$$
$$y = 2x - 1; 5 < x < 10$$
$$y = 3x - 11; x < 15$$

写一个程序,输入 x 值,输出 y 值。

(4) 汉诺塔(hanoi tower)问题:依次摆放有三根木棒,第一根上从小到大套着若干个圆环,最大的一个在底下,其余一个比一个小,依次叠上去,规定可利用中间棒作为帮助,但每次只能移动一个圆环,而且大的不能放在小的上面。

请编写程序解答如果圆环数量是 n 个(n<16),最少移动多少次可以将第一根木棒的所有圆环移到第三根木棒?

模 拟 题 2

1 单选题

(1) C 语言可以处理的文件类型是_____。

A. 文本文件和应用程序

B. 文本文件和二进制文件

C. 应用程序和二进制文件

D. 所有文件类型都可以

(2) 若 a=3,b=-4,则条件表达式 a>b? b++;a+1 的值为_____。

A. -3　　　　B. -4　　　　C. 3　　　　D. 4

(3) 若变量 a,b 已定义并赋值,以下合法的赋值语句是_____。

A. a=5+2=4+1;

B. a=n%2.5;

C. a+n=i+j;

D. a=b==5;

(4) 程序段:

```
#include "stdio.h"
int main()
{
    char a1='M',a2='m';
    printf("%c\n",(a1,a2));
    return 0;
}
```

叙述正确的是_____。

A. 程序输出大写字母 M

B. 程序输出小写字母 m

C. 程序输出 M-m 的差值

D. 程序运行时产生错误信息

(5) C 程序中,判断 char 型变量 c1 是否为大写字母的表达式是_____。

A. 'A'<=c1<='Z'

B. (c1>='A')&(c1<='Z')

C. (c1>='A')&&(c1<='Z')

D. (c1>='A')and(c1<='Z')

(6) 执行如下程序的输出结果是_____。

```
#include <stdio.h>
int main()
{
    int a=12,b=12;
    printf("%d %d\n",--a,b++);
    return 0;
}
```

A. 11 13   B. 11 12   C. 12 13   D. 12 12

(7) 函数调用语句 fun((exp1,exp2),(exp3,exp4,exp5)); 中含有_____个实参。

A. 2   B. 3   C. 4   D. 5

(8) if 语句的规定是:else 总是与_____配对。

A. 其之前最近的 if

B. 第一个 if

C. 缩进位置相同的 if

D. 其之前最近且不带 else 的 if

(9) 以下关于 switch 语句和 break 语句的描述中,正确的是_____。

A. 在 switch 语句中必须使用 break 语句

B. break 语句只能用于 switch 语句中

C. 在 switch 语句中,可根据需要用或不用 break 语句

D. break 语句是 switch 语句的一部分

(10) 有程序段:

```
char s[]="char array";
char *p;
p=s;
```

则下面叙述正确的是_____。

A. *p 与 s[0] 相等

B. s 和 p 完全相同

C. s 数组长度和 p 所指向的字符串长度相等

D. 数组 s 中的内容和指针变量 p 中的内容相同

(11) 以下关于数组的描述正确的是_____。

A. 数组的大小是固定的,可以有不同类型的数组元素

B. 数组的大小是可变的,所有数组元素的类型必须相同

C. 数组的大小是固定的,所有数组元素的类型必须相同

D. 数组的大小是可变的,可以有不同类型的数组元素

(12) 程序段如下:

```
struct student
{
    int num;
    float score;
```

}a;

下面叙述错误的是_____。

A. struct 是结构类型的关键字

B. struct student 是用户定义的结构类型

C. a 是用户定义的结构类型名

D. num 和 score 都是结构成员名

(13) 定义 int a[20];,则对数组元素的正确引用是_____。

A. a[20]　　　　　B. a[3.5]　　　　　C. a(5)　　　　　D. a[10−10]

(14) 定义 int a[3][4];,则对 a 数组元素的正确引用是_____。

A. a[2][4]　　　　B. a[1,3]　　　　　C. a[1+1][0]　　　D. a(2)(1)

(15) 变量的指针,其含义是指该变量的_____。

A. 值

B. 地址

C. 名

D. 一个标志

2　填空题

(1) C 源程序经过组建后的文件的后缀是_____(格式:. * * *)。

(2) 完成一个 C 语言程序在 visual C++6.0 环境下的完整过程主要包括 4 个部分:编辑、_____、组建和执行。

(3) 设 y 为 float 型变量,执行表达式 y=6/5 后,y 的值为_____。

(4) 若 a=1,b=2,c=3,则执行表达式(a>b)&&(C++)后,c 的值为_____。

(5) C 程序中能终止本层循环、跳出循环结构的语句是_____。

(6) C 语言提供了 while、do-while 和_____ 三种循环结构。

(7) 定义:int a[3][4]={{1},{2},{3}};,则 a[1][1]的值为_____。

(8) 若函数无返回值,则用空类型来定义函数的返回值,空类型的关键字是_____。

(9) 数组定义:char string[ ]="hello world"(两个单词间有一个空格),则数组 string 的长度_____。

(10) _____指令可以使编译器按不同的条件编译不同的程序部分,因而产生不同的目标代码文件。

3　判断题

(1) 在两个字符串的比较中,字符个数多的字符串比字符数个数少的字符串大。(　　)

(2) if(x>1)y=2*x−1;是合法的 C 语句。(　　)

(3) 表达式!! 2 的值是 0。(　　)

(4) 当输入实型数据时,可以通过格式控制方式限制小数位数,例如 scanf("%4.2f", &a);。(　　)

(5) 输入项可以是一个实型常量,如 scanf("%f",2.5);。(　　)

（6）getchar 函数可以接受单个字符，输入数字也按字符处理。（   ）

（7）函数内部定义的变量称为全局变量。（   ）

（8）在 C 语言程序中，函数的定义是不允许嵌套的。（   ）

（9）continue 只能用于循环，而 break 可以用于循环或 switch 多路分支。（   ）

（10）如果程序中出现 scanf("%d,%d,%d",&a,&b,&c);那么在程序运行时，输入的格式是：3   4   5＜回车＞。（   ）

（11）存放地址的变量同其他变量一样，可以存放任何类型的数据。（   ）

（12）在定义 auto 型局部变量时，若定义时没有赋初值，则系统会自动为其赋 0 值。（   ）

（13）如果两个指针的类型相同，且均指向同一数组的元素，那么它们之间就可以进行加法运算。（   ）

（14）不可以把一个结构体变量作为一个整体进行输入和输出操作。（   ）

（15）当对文件的写操作完成后，必须将它关闭，否则可能导致数据丢失。（   ）

4   程序设计题

（1）编写程序，求 sum＝1！＋2！＋3！＋…＋9！＋10！ 的和。

（2）从键盘上输入圆柱半径 r 和高 h，编写程序计算圆柱体积 V 并输出。

（3）编写程序：从键盘上读入 10 个整数存入一维数组 a，找出数组 a 中的数的最大值。

（4）兔子繁殖问题：有一对兔子，从出生后第 3 个月起每个月都生一对兔子。小兔子长到第 3 个月后每个月又生一对兔子，假如所有的兔子都不死，问第 n 个月时的兔子总数是多少对？

参 考 文 献

〔1〕 谭浩强.C语言程序设计〔M〕.北京:清华大学出版社,2004.

〔2〕 Perry G,Miller D. C Programming Absolute Beginner's Guide〔M〕. Hoboken:Que Publishing,2013.

〔3〕 赵英楠,杨柳,黄志华,等.C语言程序设计实践教程〔M〕.4版.北京:清华大学出版社,2019.

〔4〕 Prata S. C Primer Plus〔M〕.5版.北京:清华大学出版社,2014.

〔5〕 谭浩强.C语言程序设计基础教程〔M〕.3版.北京:清华大学出版社,2018.

〔6〕 董永建.信息学奥赛一本通:C++版〔M〕.南京:南京大学出版社,2020.